Astronomia

os astros, a ciência,
a vida cotidiana

Consulte nosso catálogo completo e últimos lançamentos em **www.editoracontexto.com.br.**

Astronomia

os astros, a ciência,
a vida cotidiana

Marcelo Girardi Schappo

editora contexto

Foto de capa
Nick Owuor/Unsplash

Montagem de capa e diagramação
Gustavo S. Vilas Boas

Preparação de textos
Lilian Aquino

Revisão
Eliana Moura Mattos

Dados Internacionais de Catalogação na Publicação (CIP)

Schappo, Marcelo Girardi
Astronomia : os astros, a ciência, a vida cotidiana /
Marcelo Girardi Schappo. – 1. ed., 3ª reimpressão. –
São Paulo : Contexto, 2024.
128 p : il.

Bibliografia
ISBN 978-65-5541-176-8

1. Astronomia 2. Cotidiano 3. Curiosidades I. Título

22-0905   CDD 520

Angélica Ilacqua – Bibliotecária – CRB-8/7057

Índice para catálogo sistemático:
1. Astronomia

2024

EDITORA CONTEXTO
Diretor editorial: *Jaime Pinsky*

Rua Dr. José Elias, 520 – Alto da Lapa
05083-030 – São Paulo – SP
PABX: (11) 3832 5838
contato@editoracontexto.com.br
www.editoracontexto.com.br

Sumário

APRESENTAÇÃO

O mundo moderno é, em muitos aspectos, uma "obra de arte" elaborada por meio da ciência. Cada vez mais nossas construções buscam aliar conforto, qualidade, eficiência e sustentabilidade; nossos exames de diagnóstico médico por imagem, além de antibióticos e vacinas, salvam vidas todos os dias; nossos sistemas de comunicação transmitem imagem, vídeo e texto quase instantaneamente ao redor do globo; nossos meios de transporte – que séculos atrás tinham como exemplar mais sofisticado os veículos de tração animal, capazes de nos levar de uma cidade a outra vizinha em algumas horas – hoje nos levam, com aviões a jato, de um extremo ao outro do continente no mesmo intervalo de tempo.

Bem, é claro que tudo isso não surgiu como "um passe de mágica". Para chegarmos aqui, muita gente se ocupou de desvendar os *segredos da natureza*, ou seja, de tentar entender como tudo funciona, através da ciência, para, com isso, mudar o mundo e desenvolver tecnologias. Todas as civilizações que prosperaram por longos períodos da história tiveram, portanto, que manter os olhos tanto na Terra (para estudar os fenômenos climáticos, o comportamento dos animais e o funcionamento dos diferentes sistemas do corpo humano, por exemplo) como no céu, afinal, os padrões astronômicos são capazes de indicar o ciclo das estações do ano: uma informação essencial para planejar o plantio e a colheita, para se preparar para o inverno rigoroso, para os períodos de secas ou de chuvas intensas e volumosas. Entender o céu é uma necessidade.

Nessa compreensível e necessária jornada por conhecer, desvendar e descobrir, grandes questões existenciais ocuparam (e ocupam) a mente humana: onde estamos? De onde viemos? Para onde vamos? Hoje sabemos que as respostas a essas perguntas residem, em grande parte, no céu. E não estou me referindo às mitologias religiosas sobre criações divinas orquestradas por seres celestiais, mas sim ao estudo da Terra enquanto apenas um planeta ao redor de uma das muitas estrelas, o Sol, que compõe a Via Láctea, uma dentre bilhões de outras galáxias no Universo.

Assim, a Astronomia tem condições de revolucionar tanto a nossa forma de responder a essas perguntas como a própria imagem mental que construímos para o Sistema Solar e para o Universo, tudo isso à medida que nosso conhecimento sobre nossa "casa cósmica" avança constantemente. Um exemplo nesse sentido é o salto de abstração pelo qual passamos quando aprendemos que a Terra não é o centro do Universo (o que a intuição faz parecer correto com muita facilidade, bastando observar o movimento aparente do Sol, da Lua e dos outros astros no céu), mas é apenas mais um planeta que se movimenta em uma órbita ao redor do Sol.

Dessa forma, este livro pretende também gerar uma revolução de pensamento: deseja-se mostrar que, novamente ao contrário do que a intuição pode sugerir – uma vez que, em comparação com as distâncias cotidianas, os astros estão muito longe de nós –, eventos astronômicos são os responsáveis pela ocorrência de vários fenômenos do nosso dia a dia, embora isso nada tenha a ver com os embustes astrológicos de que tentam nos convencer. Serão explorados, de uma forma tão simples quanto possível, eventos bonitos, curiosos e intrigantes, como as marés, as auroras, os eclipses solares e os lunares, as chuvas de meteoros e diversas curiosidades sobre as constelações e as estrelas. Com sorte, você terminará a leitura encantado com a vasta presença da Astronomia no nosso cotidiano. Aliás, a própria ocorrência do "cotidiano", literalmente "o passar dos dias", como você logo perceberá, é um evento fundamentalmente astronômico. Boa viagem!

ASTRONOMIA NA AGENDA

Um grande marco na história da nossa espécie foi a transição do sistema de vida nômade para o sedentário, algo que se iniciou por volta de 12 mil anos atrás. Enquanto grupos de humanos nômades movimentavam-se constantemente pelo terreno, conforme a disponibilidade de recursos exigia (como abrigo, água, frutas e animais para caça), os sedentários precisaram, dentre outras coisas, estabelecer meios de produzir alimentos, com regularidade, no mesmo local. O desenvolvimento da agricultura e a criação de animais foram essenciais para que isso se tornasse possível.

O agrupamento de seres humanos permanentemente na mesma região, estabelecendo meios de interação com a natureza para tentar garantir as necessidades dos indivíduos, é algo que, em maior escala, perdura até os dias atuais: nossa organização social, com centros urbanos, produção agropecuária, economia, serviços, comércio e Estado, é um reflexo desse processo.

É interessante notar que para fixar residência nossos antepassados tiveram que aprender a responder a uma série de questões: quais são as espécies de plantas e animais com melhor desenvolvimento no local desejado? Qual é o momento certo de plantar e de colher? Qual é a época chuvosa? Existem períodos de seca prolongada ou de inundações recorrentes?

A resposta para esses problemas passa pela capacidade de perceber, e prever, os ciclos da natureza. Em especial, as chamadas *estações do ano*. E, vejam só, uma forma de fazer isso é olhar para o céu! Os padrões climáticos terrestres podem ser previstos quando se decifram padrões astronômicos.

MEDIR O TEMPO

Quando duas pessoas marcam um encontro para, digamos, daqui a 15 minutos, está subentendido que ambas sabem medir esse intervalo de tempo. Provavelmente, todos nós sabemos! E fazemos isso, na correria do dia a dia, apenas consultando um relógio, sem parar para refletir profundamente sobre o que é esse tal de "minuto"... Algum espertinho poderá dizer: "Mas eu sei o que é o minuto! É um conjunto de 60 segundos." A resposta, embora simples, não resolve o problema, pois ainda estou interessado em saber que diabos são os "segundos"...

Esse é um problema genuíno em Física. Medir o tempo não é trivial, mas a saída que encontramos pra isso é usar fenômenos cíclicos (ou seja, que se repetem de forma regular) como "unidades de medida". Por exemplo, o que acontece em uma ampulheta: o tempo necessário para seu conteúdo interno passar do compartimento superior para o inferior é aproximadamente constante. Dessa forma, virando a ampulheta sempre que o compartimento superior estiver vazio, teremos uma maneira (não muito prática, é verdade) de medir o tempo de um evento, como, por exemplo, um turno de trabalho. Poderíamos dizer algo como "o período trabalhado será de 90 ampulhetas".

Bem, é claro que não está tudo resolvido. Precisaríamos padronizar o tamanho da abertura entre os compartimentos superior e inferior, a quantidade de material dentro do sistema (além do tipo de material) e ainda levar em conta o "tempo perdido" em cada movimento de virada da ampulheta. Mesmo que não seja nossa missão discutir todas as imperfeições do sistema, e as maneiras como poderíamos lidar com elas, é importante salientar que são problemas desse tipo que movimentam a Ciência para construir ou aperfeiçoar os processos de medida. Relógios de água e relógios de pêndulo são outros exemplos de aparatos baseados em processos periódicos, também desenvolvidos para a tarefa de medir intervalos de tempo.

Nesse contexto, o que há de mais moderno são os relógios atômicos. Eles são baseados em sinais emitidos por átomos específicos, como o césio, por exemplo. Esses sinais são constituídos por ondas eletromagnéticas, apresentando, portanto, uma sucessão bastante regular de *picos* e *vales*. Assim, o sistema contabiliza essas oscilações emitidas para marcar a passagem do tempo. Atualmente, o "segundo" é definido como o intervalo de tempo em que ocorrem 9 bilhões 192 milhões 631 mil 770 oscilações de uma onda eletromagnética específica emitida pelo átomo de césio-133. Agora, sim: como definimos o "segundo" a partir de um processo cíclico bem-determinado, o "minuto" e a "hora" podem ser descritos como múltiplos desse processo. Como já sabemos, 1 minuto é um conjunto de 60 segundos e 1 hora corresponde a 60 minutos.

Com o avanço tecnológico, conseguimos relógios cada vez mais *precisos*. De uma maneira bem simples, isso significa que eles são mais confiáveis, sofrendo menos descompassos ao longo do tempo. Enquanto um relógio de pêndulo pode acumular um erro da ordem de 1 minuto por dia, os relógios de pulso mais precisos (que não são atômicos) chegam a alguns segundos por mês. Os melhores relógios atômicos conseguem um desempenho muito superior, em torno de 1 segundo a cada dezenas ou centenas de milhões de anos. Toda essa precisão pode parecer besteira, mas não é: o bom funcionamento dos aparelhos de GPS (Sistema de Posicionamento Global) depende disso. Portanto, se seu celular é capaz de guiá-lo adequadamente pelas ruas da cidade, agradeça às medidas precisas de intervalos de tempo.

PADRÕES ASTRONÔMICOS

Existem fenômenos cíclicos não apenas no mundo dos átomos, mas também no mundo dos astros. Talvez o ciclo celeste mais evidente seja o nascer e o pôr do Sol. Como se aprende na escola, esse movimento aparente de subida e descida do Sol no céu (e também da Lua e das demais estrelas) é causado por um evento astronômico: o movimento de rotação da Terra. Enquanto nosso planeta gira em torno de si mesmo, são os astros que parecem estar circulando ao nosso redor. Não é à toa que temos a sensação de estarmos no centro do Sistema Solar e do Universo. Às custas de muita briga com a Igreja, nos séculos passados, hoje sabemos que nosso planeta é apenas mais um a executar uma órbita ao redor da nossa estrela, o Sol. Para ser sincero, nem a Terra, nem o Sol são o centro do Universo, não havendo sequer um único corpo *absolutamente* estático nele, como veremos depois.

Como o movimento de rotação da Terra em torno de si mesma é cíclico, o Sol também atravessa nosso céu periodicamente. É desse processo astronômico que tiramos o chamado *dia solar*, que dura, em média, 24 horas. De fato, as primeiras definições de "minuto" e "segundo" ocorreram como forma de se dividir as 24 horas do dia, estabelecidas por convenção. Hoje, fazemos diferente: definimos os segundos a partir de processos atômicos e mantemos um monitoramento constante da duração astronômica do dia, como discutiremos mais à frente.

Outro ciclo que chama a atenção é o das estações do ano. As pistas para desvendá-lo também estão no céu, bastando monitorar o Sol e as estrelas, dia após dia e noite após noite. Você já reparou como a região iluminada pelo Sol, durante um dia, dentro de um cômodo da sua casa, através de uma janela, muda ao longo de vários dias? Isso é consequência da mudança do caminho diurno do Sol, no céu, no decorrer dos meses. De modo semelhante, existem constelações no céu noturno que só aparecem no verão, enquanto outras somente são visíveis no inverno. Voltaremos a falar sobre as constelações em outro capítulo. A lição do momento é que tudo isso se repete periodicamente, a cada 365 dias 5 horas 48 minutos e 45,2 segundos: o chamado *ano tropical* ou *ano solar*.

Esse ciclo está relacionado a dois fatos, ilustrados por meio da Figura 1: o planeta Terra se movimenta em uma órbita ao redor do Sol; e o eixo de rotação da Terra em torno de si mesma é levemente inclinado em relação ao plano da sua órbita. É isso que faz com que a duração do período diurno (entre o nascer e o pôr do Sol), para pontos da Terra fora da Linha do Equador, mude ao longo do ano, ainda ocorrendo de modo oposto nos hemisférios sul e norte.

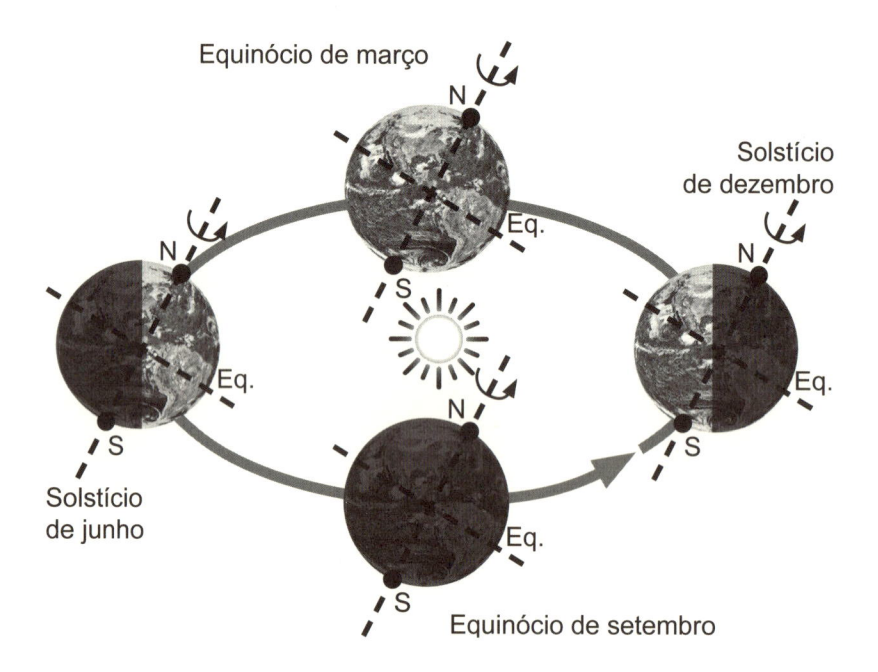

Figura 1

Esquema ilustrativo do ciclo
das estações do ano, causado
pela inclinação do eixo da Terra
e pelo movimento terrestre ao
redor do Sol. Na Terra, a Linha
do Equador está marcada como
"Eq.", os polos Norte e Sul estão
indicados, respectivamente, por
"N" e "S", sendo cruzados pelo eixo
de rotação terrestre, movimento
responsável pela ocorrência de dias
e noites. A partir desse ponto de
vista, tanto o movimento orbital
terrestre como seu movimento de
rotação têm sentido anti-horário.
Tamanhos e distâncias estão fora de
escala. Inclinação do eixo da Terra
está exagerada, para fins didáticos.
Órbita terrestre desenhada de
forma circular, por aproximação.

Em São Paulo, por exemplo, que fica no hemisfério sul, o período diurno mais longo do ano acontece em dezembro (no dia do chamado *solstício de verão sul*), enquanto o mais curto ocorre em junho (no *solstício de inverno sul*). Em Nova York, no hemisfério norte, é o oposto. Pela análise da figura, isso se torna evidente: em dezembro, o hemisfério sul, graças à inclinação do eixo terrestre e à posição da Terra em sua órbita, está mais iluminado que o hemisfério norte, algo que acontece de forma contrária em junho. No meio do caminho entre os solstícios, nos meses de março e setembro, temos a ocorrência dos *equinócios*, que são os dias com mesma duração entre período diurno e noturno, com 12 horas cada, em ambos os hemisférios, como também é possível perceber pela figura.

Curiosamente, todo esse padrão de movimento solar está "impresso" por meio de linhas imaginárias[1] sobre os mapas que usamos com frequência. A Linha do Equador, por exemplo, divide o globo terrestre em dois hemisférios, o norte e o sul. As regiões sobre a superfície terrestre entre essa linha e os Trópicos de Capricórnio (ao sul) e de Câncer (ao norte) são aquelas onde pode ocorrer, em dias específicos do ano, o que se chama de "Sol a pino", ou seja, o Sol no ponto mais alto do céu (no "zênite"). Por fim, todos os pontos do globo terrestre entre os polos e as linhas dos Círculos Polares Ártico (ao norte) e Antártico (ao sul) são aqueles que passam por pelo menos um dia inteiro do ano sem Sol no céu e um dia inteiro com Sol sem se pôr, gerando o evento conhecido como "Sol da meia-noite".

O CALENDÁRIO

As datas dos solstícios e dos equinócios são as referências astronômicas que marcam os inícios das estações do ano, cujo ciclo completo é chamado *ano tropical*. Ao longo da história, várias civilizações conseguiram percebê-lo, desenvolvendo meios de "contar" o tempo e de prever quando um ciclo de estações se encerra e outro se inicia. A busca pela capacidade de acompanhar o ciclo solar anual é bastante compreensível, pois a agricultura e os padrões meteorológicos, por exemplo, dependem dele. Portanto, por meio do desenvolvimento de *calendários solares* é possível saber quantos dias faltam para a chegada da estação chuvosa, do período de secas, da hora de plantar ou de colher. Entender astronomia no cotidiano é uma questão de sobrevivência.

Stonehenge, no Reino Unido, é apenas um exemplo monumental (literalmente) do que nossos antepassados já fizeram a partir da percepção desses padrões solares anuais. Uma estrutura construída com pedras maiores que uma pessoa, pesando dezenas de toneladas cada uma e montadas de forma a produzir alinhamentos astronômicos, com o Sol, por exemplo, capazes de destacar datas importantes, como os solstícios de inverno e verão, essenciais para acompanhar a sucessão das estações.

Um calendário nada mais é do que um conjunto de regras que devemos seguir para contabilizar a passagem do tempo. Em geral, essas regras são estabelecidas para permitir o acompanhamento de algum ciclo natural, geralmente do Sol, da Lua ou de ambos. O calendário atual do mundo moderno é o chamado *Calendário Gregoriano*. Ele é do tipo *solar*, visando acompanhar o ciclo das quatro estações, relacionado ao ciclo do Sol. É por isso que o ano do calendário tem 365 dias, um valor bem próximo do período do ano tropical.

Para os observadores frequentes do céu, há também um ciclo bastante evidente associado à Lua: a cada período de tempo, seu padrão de iluminação se repete, passando pelas chamadas *fases da Lua*. Nós definimos, geralmente, quatro fases distintas: quarto crescente, cheia, quarto minguante e nova, a depender da forma como está iluminada a face da Lua visível da Terra. Esse ciclo se repete a cada 29,5 dias, o que se chama de *lunação*. Por isso, *calendários lunares* são baseados em meses que duram 29 ou 30 dias, alternadamente. Mesmo que o nosso calendário atual não seja do tipo lunar, nossos meses têm um número de dias razoavelmente próximos do período de uma lunação.

PROBLEMAS NA CONTABILIDADE

Chegou o momento de colocar alguns problemas sobre a mesa. Primeiramente, dissemos que o dia solar dura, em média, 24 horas. Usamos "em média" porque a duração do dia, de um dia para o outro, pode ser levemente diferente. Isso ocorre devido às variações da distância Terra-Lua, Terra-Sol e às influências gravitacionais gerais de outros astros.

Portanto, se quisermos (e, sim, queremos!) manter o horário de referência mundial, que atualmente é acompanhado por meio de relógios atômicos, em sincronia com o dia solar, é preciso estabelecer vigilância constante acerca do que está acontecendo, dia após dia, com a duração do movimento rotativo da Terra. Ao longo de vários anos, devido aos fatores antes citados, a rotação terrestre pode acelerar ou frear um pouquinho. Caso nada fosse feito para corrigir o relógio mundial, essas pequenas variações se acumulariam, gerando descompassos significativos entre o ciclo diário do Sol e a marcação dos horários correspondentes a ele nos nossos relógios.

Quem faz as medidas astronômicas de acompanhamento da duração do dia solar é uma organização chamada IERS (em português, Serviço Internacional de Sistemas de Referência e Rotação da Terra). Com base nas diferenças acumuladas ao longo do tempo, ela determina, eventualmente, que devemos reajustar os nossos relógios. Isso é feito com a aplicação dos chamados *segundos intercalares*, que podem ser positivos ou negativos.

Quando a Terra está se tornando levemente mais rápida, então a duração do dia solar vai se tornando gradativamente menor, levando à necessidade de "cortar" algumas ínfimas frações de segundo do "dia-relógio" diariamente. E o contrário acontece se nosso planeta estiver se tornando levemente mais lento. É claro que não percebemos essas variações muito pequenas no nosso dia a dia, mas, quando o descompasso acumulado por meses ou anos se torna um pouco mais significativo, então chega o momento de promover o restabelecimento da sincronização dos nossos relógios com o ciclo do Sol: para isso, escolhe-se determinado dia do calendário para ter a duração de 1 segundo a mais ou a menos. A aplicação mais recente de um "segundo intercalar" foi do tipo positivo, em 2016: o "dia-relógio" de 31 de dezembro teve 1 segundo a mais que os demais dias do mesmo ano.

O segundo problema tem a ver com a contagem dos dias... Embora essa preocupação não tire seu sono atualmente, ela já mexeu bastante com o cotidiano das pessoas no passado. Tudo se resume ao fato de que, quando as regras do calendário não são boas o suficiente para acompanhar o ciclo a que se propõem, ele vai se defasando continuamente, podendo se atrasar ou se adiantar em relação aos fenômenos que tenta prever.

Um mecanismo curioso[2] que busca evitar a ocorrência desses problemas no nosso calendário é a existência dos chamados *anos bissextos*, quando fevereiro ganha um dia extra. Essa correção é oriunda da diferença temporal existente entre o ciclo das estações (365 dias 5 horas e 48 minutos, aproximadamente) e o ano "padrão" do nosso calendário (365 dias exatos). Assim, a cada "ano-padrão" que passa, nós nos adiantamos em 5 horas e 48 minutos em relação ao ciclo solar. Após 4 anos, nós estamos 23 horas e 12 minutos à frente dele e, portanto, precisamos "segurar" o calendário para manter a sincronia: fazemos isso a partir da implementação de um ano mais longo, com 24 horas a mais, que são cumpridas no famigerado dia 29 de fevereiro.

Opa! Um momento! O ano bissexto acrescenta 24 horas a cada 4 anos, mas acabamos de descobrir que deveríamos acrescentar apenas cerca de 23 horas e 12 minutos. Essa diferença acabou sendo responsável pela troca do *Calendário Juliano* para o *Calendário*

Gregoriano: no calendário anterior, que instituiu a regra do ano bissexto, nós tínhamos a ocorrência de 1 ano bissexto a cada 4 anos (gerando, portanto, 100 anos bissextos em um período de 400 anos, totalizando 146.100 dias). Porém, quando analisamos o número de dias necessários para ocorrer 400 *anos tropicais*, o resultado é 146.096 dias e 21 horas, aproximadamente. Perceba que há uma incompatibilidade de cerca de 3 dias e 3 horas.

Mesmo que a diferença pareça pequena, o Calendário Juliano vigorou por mais de mil anos, acumulando essa defasagem continuamente. E, assim, um problema pequeno se transformou em um problema grande, pois as estações do ano não mais começavam nas datas habituais. Somente em 1582, quando o erro acumulado já superava uma semana, houve a alteração para o Calendário Gregoriano. Para isso, o mês de outubro daquele ano teve a supressão de 10 dias, o necessário para colocar o calendário novamente sincronizado com o ciclo anual do Sol: para isso, o dia 4 de outubro foi seguido diretamente pelo dia 15.

E quanto à regra do ano bissexto? Se nada fosse feito para alterá-la, o calendário voltaria a se defasar ao longo dos séculos. Assim, instituiu-se uma nova regra: em vez de 100 anos bissextos a cada 400 anos, devemos ter apenas 97, suprimindo 3 dias da diferença que calculamos. Essa é a regra em vigor atualmente. Por isso, os anos 2100, 2200 e 2300, que seriam bissextos pela regra juliana, não mais o serão, gerando, entre o ano 2001 e 2400, um total de 97 bissextos. Portanto, os anos "centenários" (terminados em "00") só são bissextos se divisíveis por 400, como os anos 2000, 2400, 2800 etc.

Mas mesmo a regra atual vai precisar de correção, pois ainda há um descompasso de 3 horas a cada 400 anos, o que resultará em um erro de 1 dia a cada cerca de 3 mil anos. Ou seja, ainda precisaremos lidar com esse problema no futuro. De qualquer forma, a lição do momento é muito simples: toda vez que você vira a página da agenda, ou risca o dia anterior no calendário, você está testemunhando o fato de que o "cotidiano" é mesmo astronômico.

DESENHOS
NO CÉU

Em 1976, a sonda espacial Viking 1 (Nasa), enquanto orbitava o planeta Marte, fotografou uma formação de relevo cuja aparência era rapidamente identificada como um rosto humano. A imagem ficou conhecida como "A face em Marte" e, nem preciso dizer, gerou muita especulação sobre a possibilidade de ter sido construída deliberadamente por alguma civilização ancestral marciana. No entanto, a partir de fotografias[3] posteriores do mesmo local, obtidas por outras missões enviadas àquele planeta, como em 1998 e 2001, tornou-se evidente que apenas estávamos diante de mais um exemplo de *pareidolia*, uma tendência natural que todos temos para reconhecer padrões familiares, especialmente rostos, em algum estímulo visual aleatório. Não é à toa que muita gente já "viu" rostos e objetos nos formatos das nuvens.

Com as estrelas no céu, acontece algo semelhante. Diferentes culturas, ao longo da história, contemplaram o céu noturno e perceberam que, ao estabelecer linhas imaginárias entre os "pontos brilhantes" (as estrelas), era possível formar figuras que as remetessem diretamente a algo que lhes era familiar. Assim, batizaram diferentes grupos de estrelas, as *constelações*, com nomes de animais, deuses, objetos e heróis que representavam aspectos das crenças, da cultura ou do cotidiano de cada povo.

Portanto, nossa primeira lição sobre as constelações é que elas não *existem* de uma maneira absoluta, pois dependem de aspectos culturais de cada civilização. Alguns povos nem mesmo estabeleceram constelações para todas as estrelas visíveis no céu. A constelação da "Ema", por exemplo, está associada a povos indígenas cujo sistema de identificação das constelações ocorria apenas para grupos de estrelas próximos ao plano da Via Láctea. Outra diferença curiosa é que essa constelação estende-se por uma área do céu bem maior que as áreas com as quais estamos acostumados pelas definições ocidentais modernas, indo desde a do Cruzeiro do Sul até a de Escorpião.

Embora pareça um exercício *tolo*, ficar "vendo figurinhas" no céu para dar nomes a grupos de estrelas pode ter relevância prática importante, pois permite a rápida identificação das constelações visíveis em determinada noite. Como logo veremos, diferentes constelações aparecem no céu noturno em diferentes épocas do ano, gerando, por meio delas, uma forma fácil de "ler o relógio" das estações do ano. Além disso, elas também são boas referências para orientação, o que foi essencial para o desenvolvimento de métodos, outrora muito mais utilizados, de navegação baseados nas estrelas: no hemisfério sul, a constelação do Cruzeiro do Sul, em formato de "cruz", tem a base da figura apontando, aproximadamente, para o sul; no hemisfério norte, a Estrela Polar, na constelação da Ursa Menor, é uma referência indicativa importante para o norte. Ora, uma vez que, para nos orientarmos, basta saber apenas onde está um dos quatro pontos cardeais, então esses exemplos mostram que a "leitura" de alguns aspectos do céu pode ser útil para identificar o caminho a seguir.

O PADRÃO INTERNACIONAL

À medida que nos tornamos uma sociedade capaz de trocar informações globalmente, foi necessário estabelecer alguns padrões. As unidades de medida de distância formam um exemplo: existem o "pé", o "braço", a "jarda" e outras, mas o padrão internacional estabelecido é o "metro". Outro exemplo se relaciona a uma partida de futebol: só faz sentido disputar um campeonato mundial se todos concordam com as regras estabelecidas para o jogo. Do ponto de vista astronômico, passamos pela mesma necessidade: cada cultura criou suas próprias maneiras de ligar os pontos do céu e nomear constelações (e você mesmo, se quiser, pode estabelecer a sua!), mas, hoje, a União Astronômica Internacional (IAU, na sigla em inglês) é a instituição responsável por informar o conjunto-padrão das constelações a seguir. Isso é importante, por exemplo, na hora de catalogar e nomear estrelas e outros objetos astronômicos.

A IAU dividiu o céu em diferentes regiões, como se fossem retalhos de uma colcha. A cada região associaram o nome de uma constelação ali presente. Dessa forma, não há mais "estrelas sem constelação", como antes era possível. Agora, qualquer objeto astronômico, como estrelas, galáxias, nebulosas e aglomerados estelares, por exemplo, que tenham uma posição aparentemente fixa dentro de um "pedaço" do céu, pertencerá à constelação convencionada para nomeá-lo, independentemente de fazer parte do "desenho" imaginário da constelação ou não. A publicação da convenção científica internacional para as constelações aconteceu em 1930. Desde então, se estabeleceu, no céu, 89 regiões oficiais e 88 constelações-padrão (a constelação da Serpente ocupa duas regiões, de modo descontínuo).

Ainda é importante destacar que existe diferença entre o que se chama de *asterismo* e de *constelação*. Os asterismos são grupos de estrelas que têm um nome popular, mas que ou são parte de uma constelação maior, ou estão dispostos em estrelas que atravessam de uma constelação oficial para outra. Um exemplo de asterismo é o conjunto chamado de Big Dipper (A Grande Concha ou A Grande Caçarola, como costuma aparecer nas traduções para o português), que faz parte da constelação oficial da Ursa Maior; outro exemplo são As Três Marias, um conjunto de três estrelas da constelação de Órion.

AS CONSTELAÇÕES DO ZODÍACO

Quando se comenta sobre a convenção atual de 88 constelações, sempre tem alguém para questionar: "Ora, mas não são apenas 12 constelações?". Não. De fato, essa "dúzia famosa" de constelações faz parte de uma região específica do céu: a que é atravessada pelo Sol ao longo do ano. Vamos partir para uma analogia que pode ajudar a esclarecer as coisas: imagine que você coloque uma cadeira no meio da sua sala, em casa. Enquanto ela representará o Sol, você caminhará ao redor dela, de forma análoga ao que a Terra faz em torno do Sol. Quando você terminar uma volta ao redor da cadeira, isso representará a passagem de *um ano* na Terra. Por fim, todos os objetos e as estruturas que estiverem ao redor, na sala, representarão diferentes "constelações".

O que você perceberá, ao rodear a cadeira (ao longo do "ano"), é que o objeto que está visualmente atrás dela (a "constelação atrás do Sol") vai se modificando gradativamente: ora será o vaso do canto ("constelação do Vaso"), ora a porta de entrada ("constelação da Porta") e ora o sofá ("constelação do Sofá"), por exemplo. Da mesma forma, alguns outros objetos ("constelações") nunca estarão visualmente atrás da cadeira (do "Sol"), como o lustre ("constelação do Lustre") e o quadro na parede ("constelação do Quadro").

Assim, na nossa analogia, as "constelações" do Vaso, da Porta e do Sofá foram atravessadas, visualmente, pela cadeira e, portanto, são chamadas de "constelações do zodíaco". Mas existem muitas outras "constelações" além dessas, como a do Lustre e a do Quadro, mas que não são zodiacais. Voltando à Astronomia, a convenção internacional em vigor aponta 13 constelações zodiacais, que se sucedem "no fundo" do Sol, do ponto de vista da Terra, à medida que os meses passam. Esse conjunto[4] de 13 é formado pelas 12 mais conhecidas (Peixes, Áries ou Carneiro, Touro, Gêmeos, Câncer ou Caranguejo, Leão, Virgem, Libra ou Balança, Escorpião, Sagitário, Capricórnio e Aquário) e mais uma, a do Ofiúco ou Serpentário (entre Escorpião e Sagitário): é interessante salientar, ainda, que as dimensões das regiões celestes definidas para cada uma delas é diferente, e a passagem efetiva do Sol por elas também dura intervalos de tempo diferentes ao longo do ano.

Essa analogia acaba gerando uma ótima oportunidade para explicarmos o porquê de algumas constelações somente aparecerem no céu noturno em épocas específicas do ano: à medida que você (a "Terra") percorre o caminho ao redor da cadeira central (o "Sol"), sempre virado de frente para a cadeira, perceberá que os objetos ("constelações") localizados às suas costas também serão modificados gradativamente. Bem, como a ocorrência de dias e de noites depende da rotação da Terra em torno de seu próprio eixo, então, aquilo que estivesse atrás de você só seria visível "à noite" (lado oposto ao do Sol, em relação à Terra), caso você fizesse um movimento de rotação em torno de si próprio, mantendo-se no mesmo lugar da sala.

Agora fica fácil: como cada posição do entorno da cadeira ("Sol") é alcançada por você ("Terra") em diferentes "meses do ano", e como cada grupo de objetos ("constelações") às suas costas vai se modificando no processo, concluímos que o que estará visível no nosso céu noturno dependerá do momento do ciclo anual em que nos encontrarmos. A Figura 2 mostra um esquema simplificado desse processo: em dois instantes distintos do ano, com a Terra em locais diferentes da sua órbita, constelações diferentes estarão do lado oposto ao que está o Sol, em relação ao nosso planeta (sendo, portanto, visíveis à noite).

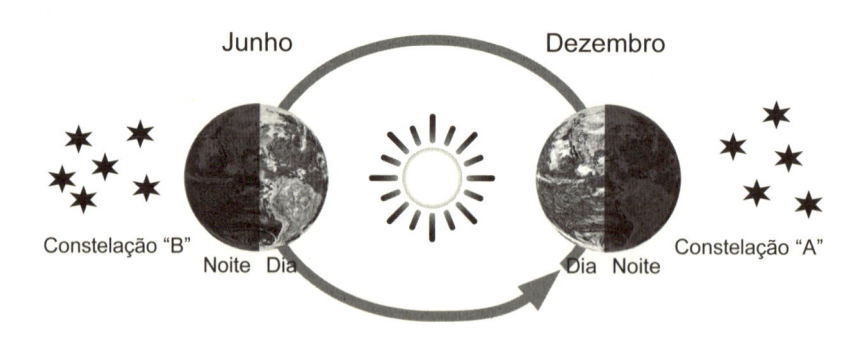

Figura 2
Esquema ilustrativo para mostrar que diferentes constelações aparecem no céu noturno em diferentes épocas do ano. Tamanhos e distâncias fora de escala. A órbita terrestre está desenhada de forma circular, por aproximação. As constelações desenhadas são genéricas e, claro, as estrelas não são realmente "pontiagudas".

CONSTELAÇÃO E ILUSÃO

Dois fatos importantes que precisamos constatar, no contexto das discussões deste capítulo, são: as estrelas que estão relativamente próximas umas das outras, e formam uma constelação no céu noturno, não necessariamente estão *realmente* próximas entre si; e nem sempre as estrelas mais brilhantes de uma constelação são aquelas que estão mais próximas da Terra.

Para entender isso, basta pensar naquilo que acontece quando vemos o Sol ou a Lua se pondo ou nascendo atrás de uma montanha no horizonte: mesmo que o astro e a montanha estejam *visivelmente* próximos, sabemos que isso é apenas consequência do nosso ponto de vista, pois é claro que a montanha está muito mais perto de nós, já que está aqui mesmo na superfície da Terra. Portanto, lembre-se de que as estrelas também estão dispostas tridimensionalmente no espaço, e as proximidades celestes aparentes entre os astros que vemos é apenas consequência da nossa posição de observação em relação a eles.

No que se refere a quão brilhosa uma estrela será no céu noturno, isso depende de uma série de fatores, como, por exemplo, seu tamanho, sua distância até a Terra, sua temperatura e se há ou não algum encobrimento por nuvens de gás e poeira no seu entorno. Portanto, uma estrela muito grande e mais distante de nós pode acabar parecendo mais brilhante que outra menor e mais próxima.

Tome como exemplo, para contar aos amigos sob o céu estrelado, o Cruzeiro do Sul: a Estrela de Magalhães, na ponta de baixo da "cruz", é a mais brilhante da constelação, mas não é a mais próxima daqui. Ela está a mais de 300 anos-luz de distância da Terra. Do outro lado, na ponta de cima, a estrela Rubídea é menos brilhante, mas está mais próxima de nós, a menos de 100 anos-luz (logo discutiremos o significado de "ano-luz"). Veja, portanto, como somos iludidos: a distância daqui à Rubídea é cerca da metade do valor correspondente à distância entre ela e a Estrela de Magalhães, que, por sua vez, se mostra mais brilhante no céu noturno.

Essa discussão ainda permite concluir que a visualização das "figuras" das constelações é algo bastante peculiar, relacionada à posição espacial do nosso planeta, que orbita o Sol. Caso vivêssemos em um planeta que orbitasse outras estrelas bastante distantes, nosso céu também teria configurações visíveis totalmente diferentes.

UMA JANELA PARA O PASSADO

Já sabemos que as estrelas que parecem próximas entre si, no céu, não estão necessariamente próximas umas das outras. E quanto ao instante da nossa visualização do céu: será que tudo o que vemos acontecer com as estrelas e galáxias, por exemplo, na noite de hoje, está realmente acontecendo no mesmo momento? Nossa resposta intuitiva pode ser um "sim", afinal, no dia a dia, a velocidade da luz parece ser infinita e tudo aquilo que observamos "neste exato momento" parece também estar acontecendo "exatamente agora". O problema é que isso só pode ser considerado correto quando os fenômenos que observamos estão acontecendo relativamente próximos de nós.

O motivo é que, ao contrário do que parece, a luz tem uma velocidade finita: isso significa que é preciso passar um determinado intervalo de tempo para ela sair de algum lugar do espaço e chegar até nós. Porém, dificilmente precisamos nos preocupar com "atrasos observacionais" em eventos cotidianos aqui na Terra, visto que a velocidade da luz é muito grande. A luz viaja, no vácuo, a uma velocidade de 1 bilhão e 80 milhões de quilômetros por hora. Caso um avião voasse nessa mesma velocidade, ele conseguiria completar sete voltas e meia ao redor do nosso planeta em apenas 1 segundo.

Quando essa ideia é aplicada ao Universo, aparece uma unidade de distância definida em termos do tempo que a luz leva para percorrer determinado caminho. Por exemplo, o Sol, que é a nossa estrela mais próxima, está a 150 milhões de quilômetros da Terra, ou, em outras palavras, 8 minutos-luz, pois a luz precisa de 8 minutos para sair do Sol e chegar aqui. Isso gera fatos curiosos como este: se apontamos um telescópio para o Sol, aqui na Terra, e observamos uma explosão solar neste mesmo instante, então sabemos que esse evento já aconteceu há 8 minutos, pois a luz que nos atinge agora saiu do Sol 8 minutos atrás.

A distância de "1 ano-luz" corresponde a cerca de 9,5 trilhões de quilômetros. Assim, quando observamos estrelas localizadas a centenas ou milhares de anos-luz da Terra, estamos sempre observando o estado passado delas, há centenas ou milhares de anos atrás. Para as galáxias, que estão mais longe que as estrelas que vemos no céu noturno, tudo fica ainda mais impressionante: a bela galáxia de Andrômeda, por exemplo, está a 2 milhões e meio de anos-luz daqui. Dessa forma, ao observá-la com um telescópio na noite de hoje, teremos condições de estudar o estado em que ela se encontrava há 2 milhões e meio de anos. Caso queiramos saber o seu estado atual, teríamos que ficar aqui aguardando chegar a luz que partiu de lá atualmente. E agora você já sabe quanto tempo esse processo duraria, melhor esperar sentado.

Dentro dessa temática, algumas pessoas costumam se perguntar: uma vez que as estrelas, no nosso céu noturno, se apresentam em seus estados passados, será que elas ainda estão lá? Ou será que nosso céu é apenas enfeitado com o brilho de estrelas que já morreram? Para responder a essas perguntas, é preciso conhecer informações sobre o tempo de vida das estrelas, e isso depende da massa delas; mas, para termos uma estimativa, varia entre centenas de milhões e muitos bilhões de anos. Como todas as estrelas que vemos à noite, a olho nu, estão astronomicamente próximas da Terra, até a alguns milhares de anos-luz de distância, então é bem provável que muitas delas[5] não tenham sofrido "grandes mudanças" durante o tempo de viagem da luz que hoje chega até aqui.

Por outro lado, quando usamos telescópios para observar galáxias localizadas a milhões ou bilhões de anos-luz da Terra, passa a ser bastante provável que muitas das estrelas que lá vemos já tenham chegado aos estágios finais de suas vidas estelares. No entanto, muitas outras também podem ter se formado. De qualquer modo, a lição curiosa é que o efeito de atraso temporal, gerado pela finitude da velocidade da luz, torna o céu uma janela importante para a observação do passado.

UM CÉU EM MOVIMENTO

No nosso dia a dia, temos a impressão intuitiva de que nosso planeta está parado e de que todos os astros giram ao nosso redor. Mas já sabemos que é a Terra que gira em torno do Sol, com vários outros planetas. Seria, então, o Sol um astro estático que, este sim, estaria parado, com tudo girando ao seu redor? Também não. O Sol é apenas uma das estrelas da nossa galáxia, a Via Láctea, e se movimenta (com todo o Sistema Solar) ao redor dela, completando uma volta a cada cerca de 250 milhões de anos, um período de tempo que costuma ser chamado de "ano galáctico". Mesmo a nossa galáxia interage gravitacionalmente com outras galáxias vizinhas, e todas se movimentam. Não há, portanto, nada *absolutamente estático* no Universo.

Sabendo disso, cada estrela da nossa galáxia, o que inclui aquelas que vemos a olho nu, tem um padrão de movimento levemente diferente entre si (velocidade e direção), além de cada uma delas estar a diferentes distâncias da Terra. Dessa forma, com o passar dos milênios, a disposição das estrelas visíveis no céu noturno vai mudando. Não percebemos isso facilmente ao longo de décadas ou séculos, porque elas estão muito distantes de nós, muito mais distantes que a Lua, o Sol e os demais planetas. E é exatamente por isso que dissemos que os objetos astronômicos pertencentes às constelações estão "aparentemente fixos", mas, agora, sabemos que, dando tempo ao tempo, os "desenhos" das constelações também serão consequentemente modificados. É análogo ao que acontece quando viajamos de carro e observamos as árvores ao lado da estrada, uma montanha distante e a Lua: as árvores rapidamente atravessam nosso campo visual, pois estão muito próximas do carro; a montanha talvez desapareça após algumas horas; mas a Lua parece nos acompanhar constantemente, uma vez que nossa viagem sobre a superfície terrestre não gera mudanças significativas na distância que nos separa dela.

AS ESTRELAS
E O COTIDIANO

Você já parou para pensar na quantidade de fatores que determinam nossa sobrevivência? Dependemos tanto de fatores ambientais adequados (por exemplo, temperatura e umidade) como da nossa alimentação: nutrientes que obtemos e transformamos a fim de conseguir gerar energia para as mais diversas atividades do nosso dia a dia. Bem, mas analisando os elementos da nossa cadeia alimentar, percebemos que as plantas, que podem nos servir como alimentos diretos ou indiretos (quando, por exemplo, servem de comida para o gado bovino), devem sua sobrevivência ao Sol, pois usam luz solar no processo essencial de fotossíntese[6]. Em última análise, portanto, a vida na Terra está intimamente conectada a uma estrela, o Sol.

O Sol é uma das estrelas da nossa galáxia, não a única. A maioria dos pontos brilhantes que vemos no céu noturno são outras estrelas: algumas semelhantes ao Sol, outras menores, outras maiores, umas mais frias e outras mais quentes. Mas como sabemos disso? Ao longo da história, muita mitologia foi criada para tentar dar sentido ao que se via: em um dos múltiplos exemplos, alguns povos africanos encaravam que a mancha celeste da Via Láctea (a qual voltaremos a explorar mais para frente) era composta por cinzas de fogueira. Em 1835, o filósofo Auguste Comte chegou a aventar, talvez ao refletir sobre as enormes dificuldades de se estudar as estrelas, que jamais teríamos condições de determinar a composição química delas. Comte, no entanto, estava errado.

Em meados do século XVII, Isaac Newton foi o primeiro a mostrar que a luz solar poderia ser decomposta em várias faixas coloridas[7] quando atravessava um *prisma*, uma peça de vidro de formato específico. Hoje sabemos que a luz visível, formada pelas cores do arco-íris, é apenas uma parcela das "ondas eletromagnéticas" encontradas na natureza, formadas pela oscilação periódica de campos elétricos e magnéticos. Uma maneira de caracterização das ondas ocorre por meio de sua "frequência": como as oscilações são periódicas, repetindo-se continuamente, a frequência das ondas indica o número de oscilações que acontecem em determinado intervalo de tempo de referência, geralmente 1 segundo. Assim, percebemos cores diferentes quando captamos ondas luminosas, da faixa visível, de diferentes frequências. A onda de luz violeta tem uma frequência maior que a de luz vermelha, por exemplo.

O conjunto das ondas eletromagnéticas forma o que chamamos de "espectro eletromagnético". Dele faz parte a luz visível, como vimos, e também diversas outras faixas de ondas das quais você já deve ter ouvido falar: ultravioleta, raios-X e raios gama estão no conjunto de frequências maiores que as que conseguimos ver; infravermelho, micro-ondas e ondas de telecomunicações formam o segmento de frequências menores.

Agora, estamos prontos para entender como conseguimos superar a profecia pessimista de Comte. A decomposição da luz em seu "espectro" de faixas constituintes começou com Newton, mas, ao longo do século XIX, diferentes cientistas engenhosamente se puseram a decompor a luz do Sol e de outras estrelas, fazendo-as atravessar sistemas ópticos capazes de permitir que fossem identificadas as frequências componentes da luz recebida e a intensidade de cada uma delas: a técnica chamada de "espectroscopia". Por meio de estudos espectroscópicos tanto da luz estelar como de diferentes sistemas aqui mesmo na Terra (com características físicas e químicas, portanto conhecidas e controladas), começou-se a desvendar o segredo das estrelas. Atualmente, conseguimos estudar, usando a luz recebida como matéria-prima, diversas características desses astros, como sua composição química e sua temperatura.

As estrelas não são bolas de fogo, embora tenham aparência semelhante, especialmente ao observar o Sol, que está mais próximo de nós. O motivo é que a ocorrência das reações de combustão depende da existência de oxigênio para reagir com o combustível, mas não há oxigênio no espaço para "queimar as estrelas". As estrelas se formam pela compressão gravitacional de grandes nuvens de gás e poeira presentes em determinada região do Universo: à medida que essa matéria se comprime para formar uma estrela, atinge temperaturas e pressões bastante elevadas em seu interior. Assim, as estrelas são feitas de átomos, sobretudo hidrogênio e hélio, entretanto a uma temperatura tal que esses átomos não mais se encontram eletricamente neutros, mas sim ionizados, quando elétrons são dissociados deles, deixando os núcleos, positivamente carregados, separados. Ou seja, as estrelas são constituídas de "gás ionizado", também chamado de *plasma* (considerado um estado físico diferente da matéria), que brilha por decorrência das altas temperaturas encontradas nas estrelas, emitindo luz, de diferentes faixas das ondas eletromagnéticas, para o espaço ao seu redor. Plasma emitindo luz também pode ser encontrado, por exemplo, dentro da estrutura das lâmpadas que formam os "letreiros de neon", em muitas fachadas comerciais.

E aqui vai mais uma dica prática que pode ajudá-lo a desvendar os segredos das estrelas no céu noturno: de modo semelhante ao que acontece com objetos aquecidos, que passam a brilhar com cores diferentes, começando com tonalidades avermelhadas por volta de 600°C a 700°C e passando para o amarelo e para o branco a temperaturas maiores, a cor das estrelas é um indicativo visual para sua temperatura. As estrelas avermelhadas são as de temperatura superficial menor; as amareladas são intermediárias; e as brancas e as azuladas são as que têm superfícies mais quentes.

Para praticar sua visão de estrelas coloridas, procure pelas famosas Três Marias, que ficam no "cinturão" da constelação de Órion: usando o alinhamento das três como uma espécie de "linha divisória imaginária" da constelação onde elas estão, você conseguirá perceber, de modo bem evidente, duas estrelas, uma azul e uma vermelha, cada uma de um dos lados dessa "linha" (conforme indica a Figura 3). A azulada é Rigel, com temperatura superficial acima de 10.000°C; a avermelhada é Betelgeuse, que, agora sabemos, é bem mais fria, com temperatura superficial entre 3.000°C e 4.000°C; e o nosso Sol, uma estrela branco-amarelada, tem temperatura superficial intermediária, entre 5.000°C e 6.000°C.

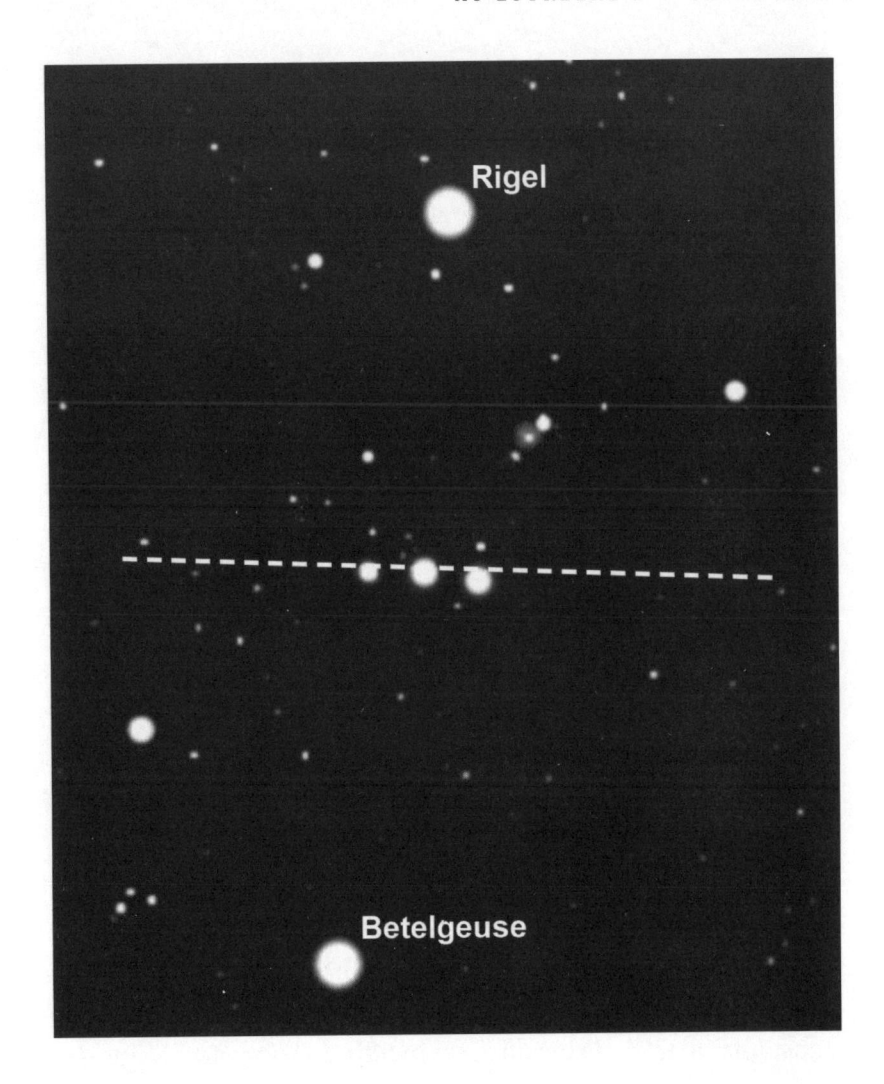

Figura 3
Algumas estrelas da Constelação
de Órion, conforme vista
a partir de São Paulo, no
céu de janeiro. A linha de
referência pontilhada atravessa
as conhecidas "Três Marias".
As estrelas identificadas em
destaque, dos lados opostos à
linha, são Betelgeuse e Rigel.

AS ESTRELAS "PISCAM"?

Como podemos diferenciar os planetas e as estrelas entre os "pontinhos brilhantes" no céu noturno? Há quem diga que as estrelas "piscam" (ou "cintilam"), mas os planetas não. Para entendermos o que isso quer dizer, é importante lembrar que nós estamos observando os astros a partir da superfície da Terra e, portanto, há uma camada significativa de atmosfera ao nosso redor. As propriedades ópticas do ar são diferentes das do espaço entre os planetas e entre nosso Sistema Solar e as estrelas distantes, e ainda podem sofrer variações entre dois pontos distintos da atmosfera, como de uma camada mais alta para outra mais baixa, ou entre bolsões de ar mais quentes e outros mais frios. Por fim, lembre-se de que a atmosfera não é um sistema estático, mas constantemente perturbada por ventos e correntes de convecção, geradas pelo movimento de ar a diferentes temperaturas.

Assim, quando a luz dos astros entra na atmosfera, ela encontra um sistema óptico turbulento, com propriedades ópticas que podem variar momento a momento, camada a camada. Como essas variações são pequenas, e podem ser um pouco maiores ou menores de um dia para outro, a depender das condições climáticas vigentes, isso causa uma pequena perturbação constante no feixe de luz que está incidindo sobre nós. É por isso que as estrelas parecem "cintilar", "vibrar" ou "piscar".

O efeito é mais significativo para objetos astronômicos de menor brilho, sejam eles estrelas ou planetas. Como em geral a maioria das estrelas do céu está muito longe de nós e tem um brilho pouco intenso, o efeito cintilante parece predominar para elas. No entanto, mesmo planetas do Sistema Solar podem também cintilar, principalmente os que são mais distantes da Terra e/ou quando estão em condições de maior afastamento em relação ao nosso planeta. Da mesma forma, as estrelas mais brilhantes do céu parecem cintilar de forma menos significativa. Assim, é difícil "bater o martelo" sobre uma eventual regra geral de que estrelas cintilam e planetas não: isso vai depender das características encontradas em cada momento, como o brilho desses astros e as condições meteorológicas.

Há, no entanto, outra maneira (mais trabalhosa, porém) de diferenciar planetas e estrelas: pelo padrão de movimento ao longo de semanas e meses. Como vimos, as estrelas estão muito distantes de nós, de modo que, noite após noite, elas permanecem "aparentemente fixas" (como explicamos pela analogia do carro viajando na estrada), caracterizando as constelações. Os planetas do Sistema Solar estão muito mais perto da Terra e, assim, ao longo de diferentes noites, enquanto eles (e nós) seguem seus movimentos orbitais ao redor do Sol, nós os observamos mudar continuamente de posição em relação às "estrelas do fundo".

Tome, por exemplo, Júpiter, que é o maior planeta do Sistema Solar e costuma ser facilmente identificado no céu: em julho de 2020, ele podia ser observado em frente à constelação de Sagitário, mas um ano depois, em julho de 2021, ele estava em frente à constelação de Aquário. Curiosamente, de vez em quando, alguns planetas ainda podem apresentar o que se chama de "movimento retrógrado", quando percebemos uma inversão no seu movimento aparente no céu ao longo de alguns meses, uma consequência das diferenças dos movimentos orbitais entre eles e a Terra. Não é à toa que o próprio nome "planeta" remete a uma palavra grega com significado de "estrelas errantes".

FONTE DE ENERGIA

A energia solar chega à Terra por meio da radiação que o Sol emite continuamente para o espaço à sua volta. Essa radiação envolve tanto partículas (fragmentos de matéria) que são emitidas a velocidades da ordem de centenas de quilômetros por segundo (formando o que se chama de "vento solar" e, como veremos, contribuindo para a ocorrência de auroras por aqui), quanto ondas eletromagnéticas de diferentes faixas, como antes discutimos. Mas qual é a fonte de energia do Sol e das estrelas em geral? Como conseguem permanecer brilhando, emitindo energia, por bilhões de anos?

Curiosamente, para entendermos o que está acontecendo dentro desses objetos astronômicos, pertencentes ao "mundo do muito grande", é preciso voltar nossa atenção para o "mundo do muito pequeno", o mundo dos átomos. Basicamente, os átomos são os "tijolinhos" básicos que constituem os objetos ao nosso redor, sendo catalogados de maneira organizada através da Tabela Periódica dos Elementos Químicos, que muita gente aprendeu na escola. Um pedaço de vidro, por exemplo, tem silício e oxigênio na sua constituição, enquanto em um pedaço de borracha encontramos grande quantidade de carbono e hidrogênio.

As estrelas são formadas, como vimos, por átomos ionizados, principalmente hidrogênio e hélio. E eles são a chave para entender a fonte de energia que as alimenta: dentro das estrelas, as condições de pressão e temperatura são tão altas, que conseguem atingir os requisitos necessários para fazer com que núcleos de elementos químicos mais leves acabem se unindo, dando origem a núcleos de elementos químicos mais pesados: esse processo se chama *fusão nuclear*. A temperatura do núcleo do Sol, por exemplo, chega a milhões de graus Celsius, e o processo de fusão é o responsável por liberar a energia que a estrela emana ao longo do tempo.

Aliás, a fusão nuclear é uma fonte de energia que estamos tentando reproduzir de modo controlado aqui mesmo na Terra. Já temos máquinas e meios tecnológicos para realizar a fusão, mas o problema é que ainda precisamos usar mais energia para fazer tudo funcionar do que a quantidade liberada no processo. No entanto, somos engenhosos e criativos. É bem provável que o desenvolvimento científico e tecnológico acabe nos levando, em um futuro breve, à implantação de reatores[8] de fusão nuclear que funcionem de modo eficiente, capazes de fornecer energia elétrica para atender à demanda cada vez maior da sociedade.

POEIRA DAS ESTRELAS

Para nossa sorte, as estrelas não duram para sempre. Embora isso pareça um pouco apocalíptico, você já vai concordar comigo sobre os benefícios desse fato. Ao longo de milhões ou bilhões de anos de existência de uma estrela, ela passa por diferentes estágios. Tomemos o nosso Sol como exemplo: dentro de mais 4 a

5 bilhões de anos, ele deve se tornar uma estrela do tipo Gigante Vermelha, quando aumentará de tamanho a ponto de "engolir" Mercúrio, Vênus e, talvez, a Terra. Mesmo assumindo que nosso planeta será poupado, a temperatura por aqui atingirá patamares tão altos, que transformará nossa paisagem em um cenário certamente infernal. A vida na Terra, ao menos da forma como a conhecemos, deverá chegar ao fim.[9]

Mas como isso pode ser bom? Bem, é preciso olhar o "quadro geral": depois do estágio de Gigante Vermelha, o Sol deverá expelir suas camadas mais externas para o espaço, formando o que se chama de "nebulosa planetária" (cujo nome não tem a ver com "planetas") e deixando, para posteridade, apenas um "caroço" estelar chamado de "anã branca". Esse caroço continuará emitindo luz remanescente dos processos internos de geração de energia por fusão que outrora aconteceram, mas já cessaram. Após um tempo suficientemente longo, talvez dezenas ou centenas de bilhões de anos, mesmo esse caroço se apagará, tornando-se uma "anã negra". Aqui, a ideia não é prestar atenção ao caroço que ficou para trás, mas sim ao material ejetado para o espaço!

As estrelas que são várias vezes mais massivas que o nosso Sol passam por seus momentos finais de maneira, digamos, bem mais dramática: elas sofrem explosões cataclísmicas, chamadas de *supernovas*, quando grande parte de sua massa é expelida bruscamente para o espaço. Elas se tornam tão brilhantes quanto uma galáxia inteira, algo que pode durar algumas semanas. O caroço estelar remanescente pode ser tanto uma "estrela de nêutrons" como um "buraco negro": este último somente para as estrelas mais massivas. "Buracos negros" receberam esse nome porque são objetos astronômicos tão compactos e densos, que sua gravidade não permite nem mesmo que a luz escape deles para fora.

Agora, lembre-se de que as estrelas, ao longo de suas vidas, produziram elementos químicos pesados justamente a partir de inúmeros processos de fusão nuclear envolvendo elementos químicos mais leves. Dessa forma, elas são as grandes responsáveis pelo enriquecimento químico do Cosmos, quando expelem parte de sua massa nos processos finais de suas vidas. O material ejetado vagará pelo espaço e poderá vir a formar, sob condições específicas, novas nuvens de poeira e gás que darão origem a novos sistemas de estrelas e planetas.

Os processos de fusão nuclear dentro das estrelas podem formar elementos cuja massa seja igual ou inferior ao do ferro: carbono, oxigênio e nitrogênio são alguns exemplos. Os elementos ainda mais pesados, como prata, chumbo e urânio, têm seus processos de formação associados a eventos astronômicos em que átomos mais leves são bombardeados intensamente por nêutrons, como também é possível que ocorra durante as supernovas. Assim, só podemos viver em um planeta rico quimicamente (e sermos seres formados à base de carbono) porque todo esse material foi produzido dentro de estrelas, sendo ejetado ao final de suas vidas. Todos nós somos feitos, literalmente, de "poeira das estrelas".

UMA BAGUNÇA ORGANIZADA

O Sistema Solar é uma grande família de astros mantida unida pela atração gravitacional do Sol: a única estrela dele. Os planetas do conjunto são oito: Mercúrio, Vênus, Terra, Marte, Júpiter, Saturno, Urano e Netuno. Lembre-se de que Plutão, desde 2006, é classificado como planeta-anão, uma categoria da qual também fazem parte outros astros, como Ceres e Eris. Enquanto orbitam o Sol, planetas e planetas-anões ainda podem carregar consigo seus satélites naturais: a Lua é um exemplo, o único a orbitar o nosso planeta. Os planetas com mais satélites naturais (ou mais "luas", para usar uma expressão geral comum) são Júpiter e Saturno, enquanto Mercúrio e Vênus não têm nenhum satélite natural a orbitá-los. Por fim, vale lembrar que a "família solar" ainda é constituída por diversos outros corpos, como asteroides, cometas, pequenos fragmentos de rocha e poeira.

Mas dediquemos nossa atenção, neste momento, aos planetas. O primeiro fato interessante a notar, para podermos formar uma noção mental mais apropriada sobre o Sistema Solar, é que, embora estejamos em um conjunto de oito planetas, a soma das suas massas não chega nem perto do valor correspondente à massa do Sol, que equivale a mais de 99% de toda a massa do Sistema Solar. Dentre os planetas, Júpiter é o maior, tendo um diâmetro cerca de 10 vezes maior que o da Terra, a qual, por sua vez, tem um diâmetro em torno de 100 vezes menor que o do Sol: em outras palavras, se a Terra fosse uma bolinha com diâmetro de 1,0 centímetro, então os diâmetros de Júpiter e do Sol seriam, respectivamente, 10,0 centímetros e 1,0 metro!

Cada planeta tem um tamanho distinto e orbita o Sol a diferentes distâncias e velocidades entre si, o que faz com que cada um também precise de intervalos de tempo diferentes para completar uma volta ao redor da estrela. Uma bagunça, portanto! Porém, graças ao desenvolvimento das teorias de gravitação, hoje conhecemos diversas leis físicas que descrevem o movimento planetário de modo bastante preciso. Assim, já sabemos que os parâmetros orbitais aparentemente "bagunçados" guardam relações entre si, estabelecidas por meio da Matemática. Existe ordem no meio do caos. É com base no persistente estudo dessa ordem, a partir do movimento dos astros, incluindo o da Terra, que temos condições de fazer previsões científicas sobre a data e a hora de ocorrência de diversos fenômenos astronômicos, como eclipses, trânsitos planetários e o início e o fim das estações do ano.

As relações funcionam, basicamente, assim: quanto mais próxima do Sol a órbita do planeta estiver estabelecida, mais rapidamente ele se move e de menos tempo necessita para completar uma volta. Tomemos a Terra como exemplo: enquanto estamos a uma distância média de 150 milhões de quilômetros do Sol, nosso movimento orbital ocorre com uma velocidade de valor aproximado de 30 quilômetros por segundo (108 mil km/h), e precisamos, como já sabemos, de 1 ano para completar uma volta em torno da estrela.

Arredondando alguns números, por simplicidade, constatamos que: enquanto Mercúrio, o planeta mais próximo do Sol, orbitando-o a uma distância média de 58 milhões de quilômetros, tem uma velocidade orbital maior que a nossa, de 47 quilômetros por segundo (169 mil km/h), e leva 88 dias terrestres para completar uma volta em torno do Sol, Netuno, o planeta mais distante, orbitando o Sol a 4,5 bilhões de quilômetros, tem uma velocidade orbital bem menor, aproximadamente 5,5 quilômetros por segundo (quase 20 mil km/h), e completa uma órbita a cada 165 anos terrestres.

Alguns comentários breves para os curiosos de plantão: estamos fazendo algumas simplificações nas discussões anteriores. Hoje sabemos que as órbitas planetárias ao redor do Sol não são circulares, mas sim elípticas (uma circunferência levemente achatada), e a órbita de cada astro é tal, que o Sol não fica exatamente no centro dessa elipse, mas um pouco deslocado, em um dos "focos matemáticos" dessa figura. Além disso, ao longo da órbita, à medida que o astro fica levemente mais próximo ou mais distante da estrela, o valor da sua velocidade orbital também sofre algumas mudanças.

De qualquer maneira, os fenômenos cotidianos que vamos discutir em seguida serão facilmente compreendidos a partir da percepção adequada da ideia que está no cerne das discussões deste capítulo: planetas orbitam o Sol a diferentes distâncias dele, com diferentes velocidades e, portanto, precisam de diferentes períodos de tempo para completar uma volta. Além disso, lembre-se de que nosso ponto de vista para observação astronômica é a superfície de um desses planetas. Assim, a partir daqui, ora ficamos mais próximos, ora mais distantes deste ou daquele astro; ora dois planetas parecem se encontrar no céu, ora um deles passa bem em frente ao disco do Sol, e ora um deles é escondido atrás da nossa Lua. Vários eventos curiosos acontecem!

Para uma analogia, imagine um monte de crianças correndo em círculos ao redor de um lago central, cada uma a diferentes distâncias do lago e a diferentes velocidades. Você é uma delas, e o lago representa o Sol. Ao longo do tempo, se cada uma das outras crianças representar um planeta diferente, então todos os eventos descritos vão acabar acontecendo bem à sua vista. Para uma ilustração simplificada do Sistema Solar, veja a Figura 4.

Figura 4
Representação
ilustrativa do Sistema
Solar. Os tamanhos
e as distâncias estão
fora de escala, mas
é possível verificar
o ordenamento dos
planetas ao redor
do Sol, um cometa
aproximando-se do
Sol e liberando sua
cauda de material
volátil e o Cinturão
de Asteroides entre
Marte e Júpiter.

TRÂNSITOS PLANETÁRIOS

Alinhamentos astronômicos são famosos, especialmente aqueles que envolvem a Terra, a Lua e o Sol, pois, como veremos mais à frente, são esses alinhamentos que causam os chamados eclipses lunares e solares. Mas diversos outros alinhamentos podem ocorrer no Sistema Solar. Um deles é o que ocasionalmente acontece entre a Terra, o planeta Mercúrio e o Sol. Nesse caso, o fenômeno resultante é chamado de "Trânsito de Mercúrio": o planeta passa em frente ao disco solar, do ponto de vista da Terra.

Durante a passagem, o que podemos observar é um "pontinho preto" bem pequeno cruzando em frente ao Sol. Esse pontinho é o planeta Mercúrio. O fenômeno não ocorre de modo muito frequente: são cerca de 13 vezes por século. As últimas ocorrências foram em 2016 e 2019. As duas próximas serão em 2032 e 2039.

Vale salientar que somente podem "transitar" em frente ao Sol, do ponto de vista terrestre, os planetas que orbitam a estrela mais próximos dela do que nós: Mercúrio e Vênus. O "Trânsito de Vênus" tem uma explicação análoga à do trânsito de Mercúrio, mas o alinhamento passa a ser entre Sol, Vênus e Terra. A vantagem do Trânsito de Vênus é que, como ele é um planeta maior que Mercúrio e está mais próximo da Terra, é possível ver o "ponto preto" em frente ao Sol, durante o evento, sem necessidade de qualquer instrumento óptico de ampliação. Por outro lado, a desvantagem é que sua ocorrência é bem mais rara que a de Mercúrio: de modo geral, apenas duas vezes por século. As duas últimas vezes foram em 2004 e 2012; as próximas serão apenas em 2117 e 2125.

A observação dos trânsitos precisa ser feita com muito cuidado, pois envolve a necessidade de olhar para o Sol. Caso não tomemos as devidas precauções, a luz intensa solar sobre nossos olhos desprotegidos pode causar vários problemas, como cegueira temporária ou permanente. Para os Trânsitos de Vênus, não precisamos de instrumentos de ampliação, bastando proteger os olhos com "óculos de eclipses solares"[10] ou com vidros de soldador de tonalidade 14, que são facilmente encontrados em lojas de ferragens ou de materiais de construção. Para os Trânsitos de Mercúrio, precisamos utilizar telescópios ou binóculos que estejam adequadamente equipados com filtros especiais para ver o Sol. Caso você tenha os equipamentos, mas não tenha o filtro apropriado, jamais os utilize para observação solar direta, pelos riscos já comentados.

Em relação à observação do Sol, o que também valerá para quando falarmos sobre a forma correta de acompanhar os eclipses solares, é muito importante destacar que métodos "caseiros" não devem ser utilizados, pois não filtram adequadamente a luz intensa que nos atinge. Estou me referindo a várias técnicas "famosas", como colocar chapas de raios-X, filmes fotográficos revelados, óculos escuros convencionais e/ou vidros fumês em frente aos olhos. Caso você tenha alguma dúvida sobre essas observações, ou necessite de auxílio, procure por projetos ou clubes de Astronomia próximos à sua cidade. Geralmente, muitas universidades têm pessoal capacitado para orientar o público.

Os trânsitos de Vênus e de Mercúrio são espetáculos que não se repetem de modo muito frequente. Por isso, vale a pena dedicar um tempo para acompanhá-los quando acontecem (e quando a meteorologia permite!). Consegui acompanhar os últimos Trânsitos de Mercúrio usando telescópios com filtros solares especiais, mas me lembro muito bem do primeiro Trânsito que observei, de Vênus, quando ainda estava na escola: com a proteção adequada para os olhos, os alunos se revezaram para observar o evento. Depois, meu professor de Física me pediu, já sabendo do meu interesse pela área, que apresentasse à turma um trabalho sobre o tema.

Do ponto de vista astronômico, os trânsitos são fenômenos importantes: historicamente, já foram usados para obtenção de várias medidas geométricas que contribuíram para que pudéssemos conhecer melhor as distâncias e os tamanhos desses astros e suas órbitas; além disso, mesmo atualmente, uma das técnicas de procura por exoplanetas (ou seja, planetas que orbitam outras estrelas para além do Sol) é baseada neles, por meio do monitoramento contínuo do brilho dessas estrelas distantes: caso um planeta passe em frente ao disco estelar, poderemos perceber, se o planeta tiver um tamanho adequado, um decréscimo no brilho observado para ela. Se esse fenômeno acontecer periodicamente de modo consistente, pode ser um indicativo da presença de planetas ao redor da estrela.

CONJUNÇÕES, OPOSIÇÕES, OCULTAÇÕES E APROXIMAÇÕES

Os curiosos a respeito de assuntos celestes costumam caçar as tabelas de "efemérides astronômicas" a cada início de ano, de modo a consultar os eventos interessantes que acontecerão ao longo dos próximos meses. Nessas tabelas, geralmente disponibilizadas pelos observatórios astronômicos, é muito comum encontrarmos ocorrências de "conjunções", "oposições", "ocultações" e "aproximações". Por isso, vamos entender um pouco melhor o que todas essas expressões significam.

As **conjunções** são "encontros celestes" entre diferentes astros, mas, assim como já sabemos ser verdade para estrelas visivelmente próximas umas das outras em uma constelação, não significa que eles estejam fisicamente perto uns dos outros. Esses "encontros" são, portanto, aparentes, resultado de alinhamentos astronômicos entre as posições dos astros e da Terra, o nosso ponto de observação do espaço. Já que as estrelas que formam as constelações são "aparentemente fixas" ao longo do tempo, as conjunções envolvem pelo menos um astro que tenha movimento perceptivelmente mais significativo no nosso céu. Dessa forma, podem ocorrer conjunções entre dois ou mais planetas, entre planetas e a Lua, entre planetas e estrelas etc. Os próprios trânsitos planetários são consequências de conjunções entre o Sol e Mercúrio ou Vênus; e os eclipses solares são decorrentes de conjunções entre a Lua e o Sol.

Curiosamente, as conjunções chamam a atenção. Quando elas ocorrem, frequentemente recebo mensagens de amigos fazendo perguntas do tipo: "O que são aqueles dois pontinhos brilhantes, bem perto um do outro, no horizonte?", "Você reparou que tem um ponto bem brilhante perto da Lua esta noite? Que astro é aquele?", entre outras. Em julho de 2021, por exemplo, entre os dias 10 e 13, tivemos um encontro triplo, no horizonte oeste, após o pôr do Sol: Marte e Vênus bem próximos um do outro, e ambos próximos à Lua.

Uma conjunção de destaque, especialmente chamada de "Grande Conjunção", aconteceu em dezembro de 2020, envolvendo um encontro dos dois maiores planetas do Sistema Solar: Júpiter e Saturno. Desde o início daquele mês, ambos estavam visíveis a oeste, após o pôr do Sol. Ao longo das sucessivas noites, foi possível percebê-los cada vez mais perto um do outro, até atingir a maior aproximação relativa, na noite do dia 21. Nas noites seguintes, passaram a se afastar de forma mútua em nosso céu. Infelizmente, o mês do evento teve a grande maioria das noites com céu encoberto onde moro, em Florianópolis. Consegui vê-los apenas por breves momentos de abertura entre as nuvens, um dia ou outro. Agora, paciência: a próxima Grande Conjunção somente acontecerá em outubro de 2040.

As **oposições** são cenários em que, a partir do nosso ponto de vista terrestre, temos um determinado astro do lado oposto ao que está o Sol. Esses momentos costumam marcar as melhores condições para observação astronômica deles, por isso são indicados nas tabelas de efemérides. Ao longo de agosto de 2021, por exemplo, Saturno esteve em oposição no dia 2 e Júpiter no dia 19. Os eclipses lunares são outros exemplos de oposição, envolvendo, no caso, a Lua.

Enquanto as conjunções são encontros relacionados à proximidade aparente no céu, as **aproximações** são momentos de maior proximidade real entre determinado astro e a Terra. Atualmente, muitas missões espaciais são planejadas e executadas como preparatórias ou exploratórias na busca pelo objetivo futuro de enviar uma tripulação humana a Marte, o que geraria um marco histórico: a primeira vez que um ser humano colocaria os pés em outro planeta (visto que a Lua, já visitada pela nossa espécie, não é um planeta, mas sim um satélite natural da Terra). Assim, tomando o Planeta Vermelho como exemplo, os momentos de sua maior aproximação com a Terra acontecem a cada cerca de 2 anos, gerando janelas de oportunidade que podem ser aproveitadas para o envio de missões para lá, sejam tripuladas ou não. Como as tripuladas ainda não aconteceram, vários momentos passados de maior aproximação já foram utilizados para envio das não tripuladas. As últimas aproximações foram em 2018 e 2020; a próxima será em 2022.

Por fim, nós temos os fenômenos curiosos das **ocultações**, que são, basicamente, eventos em que ocorre o bloqueio da visualização de um astro, causado pela passagem de outro astro à sua frente. Eclipses solares totais são exemplos de ocultação do Sol, quando a Lua atravessa sua frente e bloqueia totalmente sua visibilidade por alguns instantes. As ocultações que costumam ser destacadas com maior frequência são as que envolvem a Lua, quando ela passa em frente a estrelas ou a planetas no nosso céu noturno. Porém, a exemplo dos eclipses solares, nem todas as ocultações pela Lua são visíveis de todos os locais do planeta.

Em agosto de 2024, boa parte do Brasil terá condições de observar a ocultação de Saturno pela Lua, planeta que pode ter seus famosos anéis observados por meio de um telescópio. Algumas ocultações pela Lua são bastante raras, como aquelas em que ela passa em frente a mais de um planeta simultaneamente: a última vez que isso aconteceu foi em abril de 1998, envolvendo Júpiter e Vênus. A próxima envolverá Mercúrio e Marte, em 2056.

ESPETÁCULOS DO SOL E DA LUA

ocê é uma pessoa que gosta de regularidades no seu dia a dia ou prefere frequentemente sair da rotina? Confesso que sou uma pessoa do primeiro tipo, mas, independentemente da sua resposta, a Astronomia pode agradar a todos. Primeiro porque a compreensão da Astronomia, desde as antigas civilizações, esteve relacionada à capacidade de percepção de padrões e regularidades que acontecem no céu. Dessa forma, desvendamos o ciclo das estações do ano, as fases da Lua e distinguimos entre os movimentos dos planetas e das estrelas distantes. Por outro lado, mesmo na Astronomia, de vez em quando, a regularidade cotidiana do que observamos no céu é quebrada: os astros produzem fenômenos que nos tiram da rotina!

Os eclipses do Sol e da Lua, especialmente os totais, são exemplos em que ocorrem mudanças visuais bastante perceptíveis no nosso céu. Esses eventos geraram muita mitologia e desconforto ao longo da história, pois diversas civilizações não tinham condições de explicar adequadamente o motivo de tais "anomalias celestes", ainda que elas não durassem muito tempo. Diversas culturas associavam eclipses solares, quando nossa estrela é parcial ou totalmente obscurecida pela Lua, a maus presságios: uma vez que não se entendia plenamente a dinâmica do céu, sob o ponto de vista científico, então o desaparecimento momentâneo do Sol não podia ser sinal de "coisa boa".

Felizmente, com o avanço da ciência, pudemos melhorar muito nossa capacidade de compreender a natureza e seus fenômenos, tornando muitos mitos simplesmente obsoletos. Eliminaremos todos os mitos algum dia? Deixando a reflexão a cargo do leitor, o fato é que, hoje, a Física e a Astronomia são as ferramentas de que precisamos para descrever esses eventos curiosos que ainda levam multidões às ruas para observação do céu. O Sol e a Lua serão os protagonistas das discussões a seguir.

SUPERLUA E MICROLUA

Antes de nos aventurarmos nos eclipses, vamos dedicar nossa atenção ao formato das órbitas: por muito tempo se acreditou que a Lua orbitava a Terra, e os planetas orbitavam o Sol, em caminhos de formato circular. Caso fosse mesmo assim, então a distância da Lua à Terra, e de cada planeta até o Sol, permaneceria sempre constante (o valor do "raio" do círculo, pra quem lembra de Geometria e Matemática). Porém, hoje sabemos, depois de muito estudar e debater o movimento dos astros, que as órbitas da Lua e dos planetas são elípticas, uma espécie de circunferência levemente achatada, e o astro "central" não é lá tão central: matematicamente falando, ele fica em um ponto chamado "foco", deslocado do centro geométrico da elipse, como mostra a Figura 5.

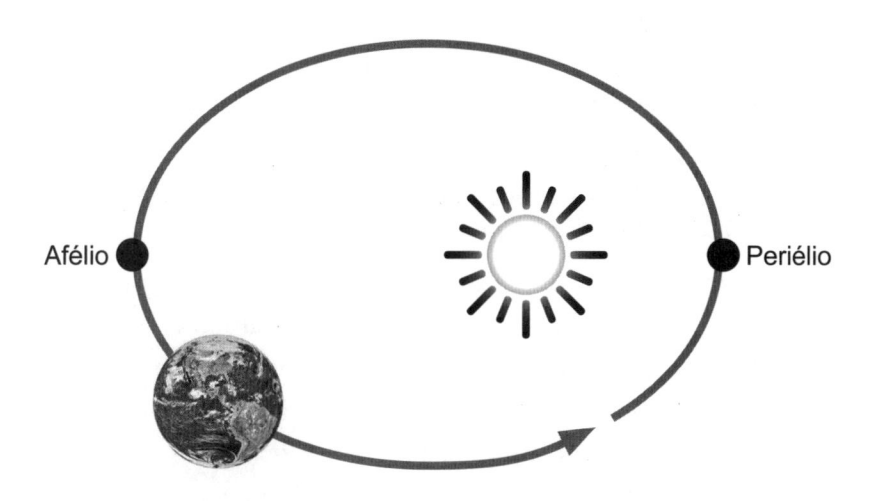

Figura 5
Esquema geométrico da órbita da Terra em torno do Sol. Distâncias e tamanhos fora de escala.

Dessa forma, a primeira característica interessante do movimento dos planetas em torno do Sol é que a distância entre eles e a estrela acaba mudando ao longo do tempo: ora mais perto, ora mais longe. Enquanto o ponto orbital em que o planeta está mais distante do Sol é chamado "afélio", o ponto de maior proximidade é o "periélio". A órbita da Lua no entorno do nosso planeta (que, para simplificar, não está mostrada na figura) tem a mesma estrutura: a Terra fica levemente deslocada do centro da órbita lunar; e quando a Lua está em maior proximidade ou maior afastamento em relação à Terra, dizemos estar no "perigeu" ou no "apogeu" orbital, respectivamente. É justamente por causa dessa geometria orbital não circular que muitas vezes informamos a "distância média" do planeta ao Sol, ou da Lua à Terra, como já fizemos anteriormente ao tratar do Sistema Solar.

Vamos aos números: já vimos que a distância média Terra-Sol é de cerca de 150 milhões de quilômetros, podendo variar entre 147 milhões no periélio e 152 milhões no afélio (valores aproximados). Essa variação de 5 milhões de quilômetros parece muito, mas corresponde a apenas 3% da distância média. Na prática, isso significa que a órbita terrestre, embora seja elíptica, é "pouco achatada" (dizemos, tecnicamente, que é de "pequena excentricidade"). Compare, por exemplo, com os valores para a órbita de Mercúrio, a "mais elíptica" entre as dos 8 planetas: sua distância média até o Sol é de (novamente com valores aproximados) 58 milhões de quilômetros, atingindo 46 milhões no periélio e 70 milhões no afélio. A variação, agora, é de 24 milhões de quilômetros, o que corresponde a 41% do valor da sua distância média.

É importante resolver, neste momento, um mal-entendido bastante comum em relação às estações do ano: elas não são causadas pela variação da distância da Terra ao Sol, de modo que teríamos o inverno e o verão quando a Terra estivesse no afélio e no periélio de sua órbita, respectivamente. Se assim fosse, teríamos invernos e verões sempre coincidentes entre o hemisfério norte e o sul do globo terrestre, o que não ocorre. Lembre-se de que as estações são trocadas entre eles: inverno no Sul e verão no Norte, primavera no sul e outono no norte, e vice-versa.

O que causa as estações do ano é a inclinação do eixo de rotação do nosso planeta em relação ao plano da órbita dele em torno do Sol. Assim, como nosso eixo é inclinado, ao longo de seis meses do ano teremos dias mais longos e noites mais curtas no sul, e o contrário no norte. Nos seis meses seguintes, a lógica se inverte. É isso que causa os solstícios e equinócios, algo que já debatemos no primeiro capítulo, que estão relacionados aos períodos de ocorrências das estações do ano.

Voltemos à órbita da Lua: recorrendo a valores aproximados novamente, a distância média Terra-Lua é de 380 mil quilômetros, podendo variar entre 360 mil (no perigeu) e 400 mil (no apogeu). Como as fases da Lua podem acontecer com ela estando em qualquer ponto da sua órbita (e voltaremos a falar das fases lunares em outro capítulo), em alguns meses ocorrerão, eventualmente, coincidências entre o momento do ápice da Lua cheia e o momento em que ela passa pelo perigeu orbital. Quando isso acontece, essa Lua cheia é especialmente chamada de **Superlua**. Por outro lado, caso a coincidência da Lua cheia ocorra com o momento em que ela está no apogeu orbital, então teremos a ocorrência do que se denomina **Microlua**.

Existe diferença prática entre essas ocorrências? Sim e não. "Sim" porque, realmente, as Superluas são cerca de 14% maiores e 30% mais brilhantes que as Microluas. Porém, como duas luas cheias sucessivas são separadas por aproximadamente 29 dias e meio, não temos, a olho nu, como fazer uma comparação direta entre elas, de modo a podermos avaliar e perceber diferenças práticas de tamanho e brilho. No entanto, quem faz "astrofotografia" pode comparar duas imagens de Luas cheias distintas, uma "super" e outra "micro", obtidas com as mesmas configurações de ampliação, para verificar que há mudanças reais na aparência lunar.

Por isso, muita gente que vai às ruas observar as Superluas nas datas anunciadas frequentemente pela mídia acaba saindo desapontada, pois é comum que não haja esse esclarecimento sobre a dificuldade de se perceber os efeitos práticos do fenômeno. De qualquer modo, matérias publicadas sobre Astronomia ou ciências em geral são importantes, pois oportunizam tanto a ampliação do conhecimento geral das pessoas como o eventual surgimento de interesse e apreço popular pelo tema.

LUA AZUL

Já que citamos um exemplo de matéria astronômica na mídia, que costuma gerar decepção (quando não há o devido esclarecimento científico sobre o fenômeno), aqui vai outro ainda pior: aquelas que anunciam a ocorrência de uma "Lua Azul", um evento que, infelizmente (eu diria), nada tem a ver com a transformação da Lua para uma aparência de coloração azulada. De todo modo, vale comentarmos as curiosidades históricas que estão por trás desse nome.

Como vimos, o intervalo de tempo que separa duas ocorrências sucessivas de Luas cheias é de, aproximadamente, 29 dias e meio. Como todos os meses têm 30 ou 31 dias (à exceção de fevereiro), eventualmente é possível que ocorram duas Luas cheias em um mesmo mês, desde que a primeira delas seja logo no início. A segunda é, então, denominada "Lua Azul". Essa é a definição mais frequente que tenho visto para o fenômeno. Com base nela, as próximas ocorrências serão em 31 de agosto de 2023, 31 de maio de 2026 e 31 de dezembro de 2028.

No entanto, existem definições mais antigas para a "Lua Azul": o hábito de dar nomes às luas cheias remonta às tradições de povos nativos americanos e europeus, que criaram uma espécie de conexão entre esses apelidos e as características da época do ano em que elas aconteciam. Assim, temos nomes como "Lua Rosa", "Lua do Lobo", "Lua de Neve", "Lua das Flores", "Lua do Milho", "Lua de Morango" etc. Como cada estação do ano compreende um período de três meses, é bastante comum que ocorram apenas três Luas cheias por estação. Porém, caso uma Lua cheia aconteça logo no início de uma estação, é possível, em razão do intervalo de 29,5 dias entre elas, que outras três Luas cheias ainda sejam visíveis dentro dos mesmos três meses, gerando uma estação com quatro Luas cheias. Dessa forma, uma dessas quatro, especificamente a terceira, era chamada de "Lua Azul". Um exemplo desse tipo foi a Lua cheia de 22 de agosto de 2021.

Mas o resumo da ópera é o seguinte: como a "Lua Azul" nada tem a ver com a cor aparente da Lua, ficando apenas o registro da curiosidade histórica que a origina, você escolhe a definição que achar mais interessante, seja ela a "Lua Azul Mensal" ou a "Lua Azul Sazonal".

ECLIPSES SOLARES

Os eclipses solares acontecem em decorrência do alinhamento astronômico entre o Sol, a Lua e a Terra. Ou seja, do nosso ponto de vista, a Lua passa total ou parcialmente em frente ao disco solar. Vamos entender o processo a partir da Figura 6: quando a luz solar é bloqueada pela Lua, formam-se duas regiões distintas, chamadas de "sombra" (ou "umbra") e "penumbra". A região de sombra, indicada pela letra "S", é aquela que a luz do Sol não consegue atingir. Portanto, alguém sobre a superfície da Terra, dentro dessa região, observará um eclipse solar total, quando o disco solar é completamente escondido pela Lua. As regiões de penumbra, indicadas pela letra "P", experimentam um bloqueio de apenas parte da luz solar. Na prática, um observador dentro da penumbra perceberá o disco solar apenas parcialmente escondido pela Lua: um eclipse solar parcial, portanto. A Figura 7 apresenta algumas fotografias de eclipses solares.

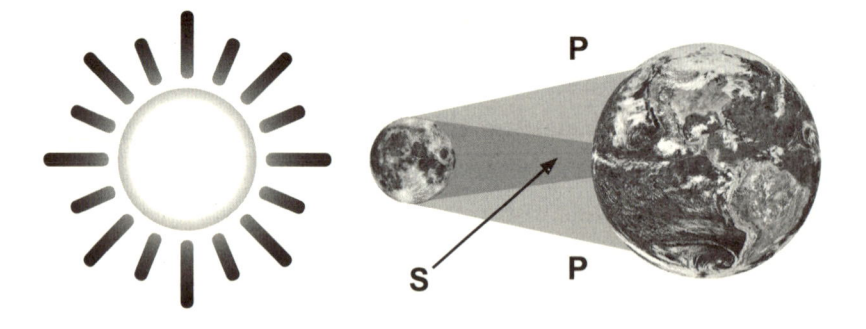

Figura 6
Esquema
geométrico
simplificado
(bidimensional)
para um
eclipse solar.
Tamanhos e
distâncias fora
de escala.

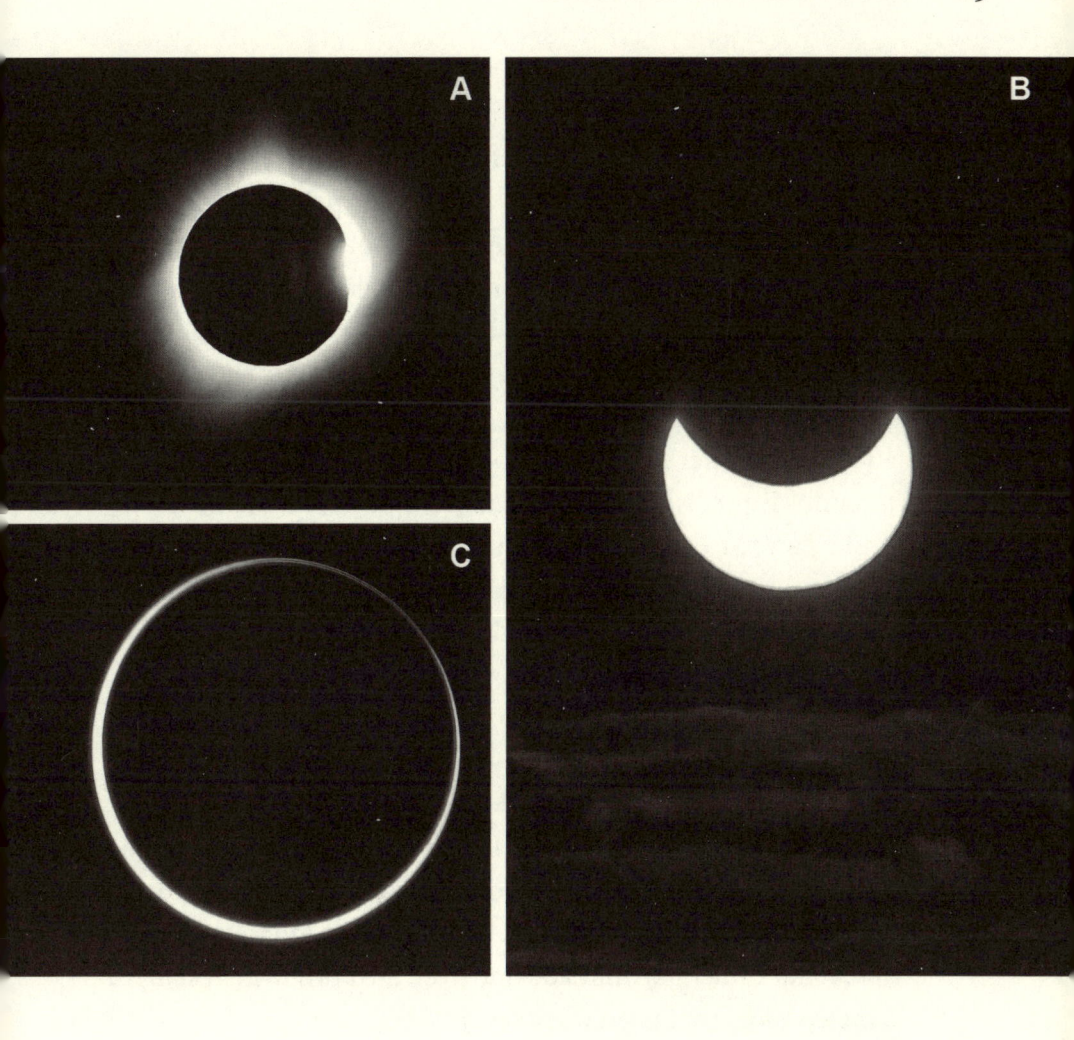

Figura 7
Diferentes fotografias de eclipses solares. Em "A", um eclipse total do Sol, fotografado momentos antes do obscurecimento total do disco solar. Dessa forma, uma região pequena (nesse caso, à direita) ainda guarda luminosidade grande, o que torna esse momento conhecido como "anel de diamantes". Em "B", uma bela fotografia de um eclipse parcial do Sol. Em "C", um eclipse solar anular.

A primeira característica interessante sobre a ocorrência dos eclipses solares é que aquilo que cada observador é capaz de perceber depende do local da Terra onde ele está: caso esteja em alguma região que será atravessada pela sombra lunar, então estará na faixa da ocorrência da totalidade do eclipse; caso contrário, quanto mais longe da região atravessada pela sombra, menor será o máximo da cobertura parcial do Sol pela Lua. É por isso que nem todos os eclipses solares são visíveis de todos os locais da Terra de onde seja possível "ver o Sol" ao longo do intervalo de tempo em que o eclipse estará acontecendo. É preciso estar no lugar certo e no momento certo. Assim, a cada eclipse solar, observatórios astronômicos sempre divulgam os horários de início e fim do fenômeno e o percentual máximo da cobertura do Sol, mas esses dados variam de cidade para cidade.

Eclipses solares não são tão raros, acontecendo, em média, duas vezes por ano. Você pode consultar tabelas astronômicas para checar quando acontecerão os próximos, como as disponibilizadas pela Nasa:[11] entre 2021 e 2030, por exemplo, teremos 22 eclipses solares. Porém, como a condição de observação depende do local onde você está, minha recomendação é tentar aproveitar cada oportunidade que tiver, até porque nem sempre a meteorologia vai jogar a seu favor.

Essa dependência em relação ao local ainda gera outro efeito bastante curioso, o chamado *turismo do eclipse*. Muita gente viaja pelo mundo para tentar acompanhar os eclipses do Sol, especialmente os que são do tipo total ou anular. Eu mesmo vou ter que "entrar nessa onda" em algum momento, caso queira uma oportunidade de ver um eclipse total do Sol: aqui onde moro, em Florianópolis, o próximo será somente em 2103.

Eclipses anulares do Sol são espetáculos à parte e acontecem quando o alinhamento astronômico entre os três astros coincide com o período em que a Lua está nas proximidades de seu ponto orbital mais distante da Terra, o apogeu. Nesse caso, o tamanho aparente da Lua é menor, fazendo com que ela não tenha condições de cobrir totalmente o disco solar. Dessa forma, para algumas posições específicas do nosso planeta, é possível ver a Lua encobrindo o Sol, mas deixando um "anel de fogo" ao redor, que são as bordas solares descobertas pelo reduzido tamanho aparente da Lua. Em outubro de 2023, teremos um eclipse desse tipo visível em uma faixa do território brasileiro entre as regiões Norte e Nordeste. Fique de olho nos anúncios astronômicos próximos à data e, se for o caso de não morar no local, planeje sua viagem!

Por fim, lembre-se de que a observação de eclipses solares deve ser feita seguindo as dicas que já apresentamos aqui anteriormente, quando tratamos da observação dos trânsitos planetários: telescópios ou binóculos que utilizem filtros solares especiais; e "óculos de eclipses" ou vidros de soldador de tonalidade 14 para observações sem uso de instrumentos ópticos de ampliação.

ECLIPSES LUNARES

Os eclipses lunares também são decorrentes de alinhamentos envolvendo os mesmos três astros dos eclipses solares, mas com a ordem invertida: agora temos a Terra entre o Sol e a Lua. Nesse caso, é o nosso planeta que serve de obstáculo para a luz solar e, portanto, é ele que terá suas regiões de sombra e penumbra importantes para entender o fenômeno. Novamente, indicamos essas duas regiões com as letras "S" e "P", na Figura 8. À medida que a Lua percorre sua órbita em torno do nosso planeta, ela pode, eventualmente, acabar entrando na nossa sombra e/ou na nossa penumbra, gerando diferentes tipos de eclipses lunares.

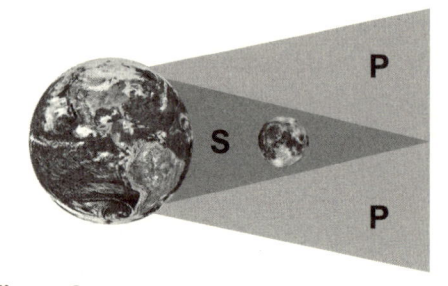

Figura 8
Esquema geométrico simplificado
(bidimensional) para um eclipse lunar.
Tamanhos e distâncias fora de escala.

Os eclipses penumbrais da Lua são aqueles em que nosso satélite natural entra total ou parcialmente apenas dentro da nossa penumbra. O que se observa, para esses casos, é que a Lua fica levemente obscurecida. Quanto mais para dentro da penumbra ela for, mais obscurecida se tornará. Em geral, como a penumbra é uma região de bloqueio apenas parcial da luz solar, é muito comum que esse obscurecimento lunar nem mesmo seja facilmente perceptível a olho nu. Por isso, esse tipo de eclipse é menos comentado e menos conhecido pelo público.

Quando a Lua chega a entrar na nossa sombra, temos a ocorrência de eclipses lunares parciais (quando entra parcialmente na sombra, ficando a outra parte na penumbra) e de eclipses lunares totais (a partir do momento em que ela está completamente dentro da nossa sombra). Quanto mais para dentro da sombra a Lua estiver, mais obscurecida parecerá. E, como a Terra é redonda[12] (ao contrário do que "lunáticos" terraplanistas alegam indevidamente), a região de obscurecimento do disco aparente da Lua durante um eclipse parcial sempre tem a borda arredondada, independentemente da "face" da esfera terrestre voltada para o Sol no momento em que o evento acontece. A aparência da Lua durante um eclipse parcial está mostrada na Figura 9.

Figura 9
Um eclipse parcial da Lua,
demonstrando a sombra circular do
nosso planeta sobre o disco lunar.

No caso dos eclipses totais, além do obscurecimento que a Lua sofre enquanto segue seu caminho para dentro da nossa sombra, um efeito adicional torna-se evidente: nosso satélite natural fica com aparência avermelhada ou alaranjada, o que é suficiente para que o evento também seja batizado de "Lua de Sangue". Porém, agora, o nome tem real relação com a cor aparente na Lua, diferentemente do que acontecia com a "Lua Azul", já comentada. Mas por que a Lua fica avermelhada dentro da nossa sombra?

O segredo está em dois fenômenos interessantes: a composição da luz solar e o espalhamento de luz na nossa atmosfera. A luz branca, como a luz do Sol, é composta pela propagação conjunta de todas as cores que compõem o arco-íris. Dizemos, tecnicamente, que ela é um feixe de luz "policromático". Para quem não lembra a sequência de cores, basta saber que as colorações azuladas estão em um extremo e as colorações avermelhadas estão no outro. A nossa atmosfera "espalha" luz (as partículas absorvem e reemitem a luz para outras direções) de colorações azuladas de modo mais eficiente que as de colorações avermelhadas. É por isso que o céu é azul ao longo do dia e avermelhado no início da manhã e no final da tarde. Por curiosidade, como a Lua não tem atmosfera, o céu por lá é sempre escuro, independentemente de o Sol estar visível no céu ou não.

Acompanhe a Figura 10: ao longo do dia, com Sol alto no céu, o caminho percorrido pela luz solar dentro da atmosfera da Terra até atingir um observador na superfície é menor do que quando o Sol está no horizonte desse mesmo observador, quando o caminho da luz solar na atmosfera é maior. Assim, com Sol alto e caminho reduzido, só percebemos o efeito predominante do espalhamento das cores azuladas ("Az.", na figura), deixando o céu azul. Por outro lado, com o Sol no horizonte e um caminho luminoso atmosférico maior, as colorações azuladas já foram espalhadas de modo predominante no início do processo, restando as colorações do outro extremo, como as avermelhadas ("Ve.", na figura), para colorir o céu nesses momentos de nascer e pôr do Sol.

Agora, é mais fácil entender o porquê de a Lua ficar com aparência avermelhada quando ocorrem os eclipses lunares totais: como o Sol está, em relação à Terra, do lado oposto à Lua (como indicou a Figura 8), a luz solar que passa pela nossa atmosfera é espalhada em todas as direções, o que faz com que parte dela seja enviada também para dentro da sombra da Terra, onde está a Lua. Porém, como nossa atmosfera espalha luz de colorações azuladas de modo mais eficiente, a luz que ultrapassa a atmosfera e segue para atingir a Lua é "carente" dessas cores, sendo constituída pelas colorações avermelhadas de modo predominante. É por isso que se forma a chamada "Lua de Sangue".

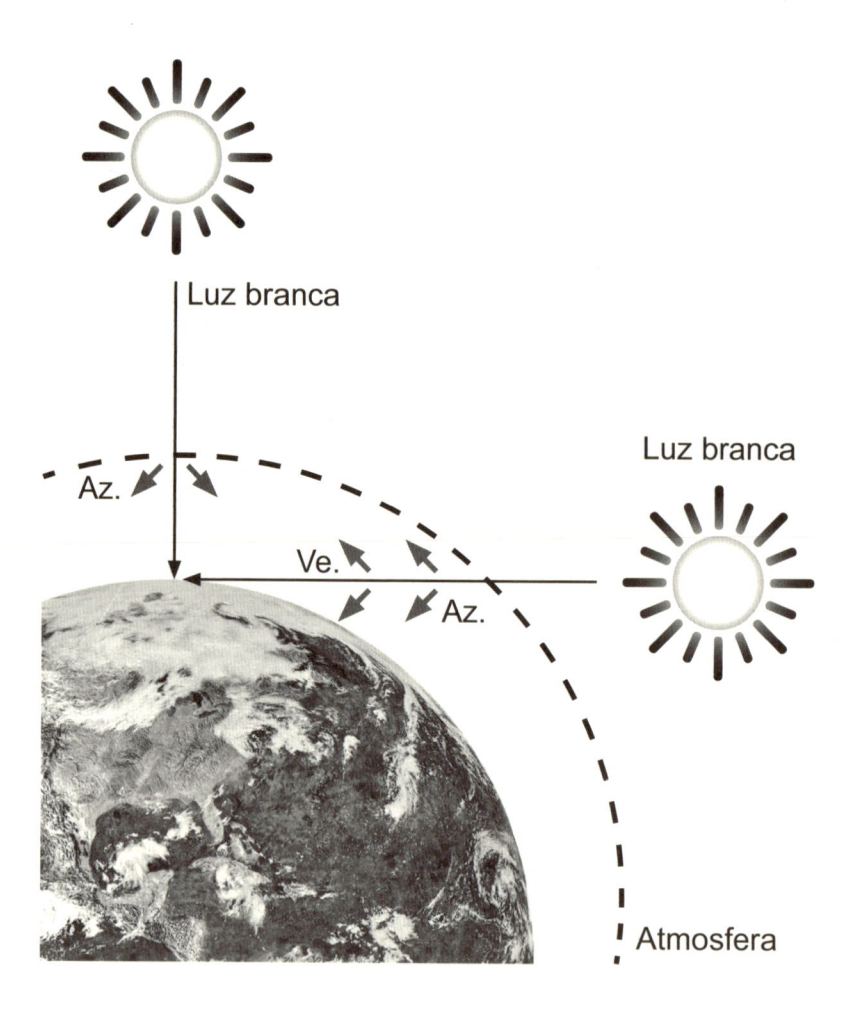

Figura 10
Esquema
ilustrativo
simplificado
para
espalhamento
da luz solar
na atmosfera
terrestre.
Distâncias
e tamanhos
fora de escala.

A vantagem dos eclipses lunares é que essas mudanças aparentes na iluminação lunar podem ser apreciadas a olho nu, sem qualquer necessidade de instrumentos de proteção e/ou ampliação, como telescópios e binóculos. Basta procurar um local com boa condição de observação da Lua durante o evento e aproveitar o espetáculo.

Eclipses lunares também não são eventos realmente raros, ocorrendo também, em média, duas vezes por ano. Com base na consulta na mesma tabela já indicada, ocorrerão 22 eclipses lunares entre 2021 e 2030, um número, nesse caso, empatado com os eclipses do Sol. A diferença entre eles e os eclipses solares, no entanto, é que, enquanto estes últimos somente são observados por pessoas dentro de faixas específicas do nosso planeta (que estão dentro da sombra e da penumbra lunar sobre a Terra), os eclipses da Lua são visíveis de todos os locais onde a Lua esteja visível no céu: basicamente, em todos os pontos onde os observadores tenham condições de "ver a Lua" durante o período em que o eclipse está ocorrendo. É por isso que, embora o número total de ocorrências de eclipses solares e lunares ao longo do tempo seja similar, você, na sua cidade, deverá ter mais oportunidades para observar eclipses lunares que solares.

Por fim, ainda é curioso destacar que os eclipses podem coincidir com a ocorrência de outros fenômenos astronômicos, como conjunções, Superluas e Microluas, por exemplo. Essas coincidências semeiam um terreno bastante fértil para a criatividade de quem as anuncia ao público. Um exemplo de que me recordo, e que gerou grande curiosidade na época, aconteceu em janeiro de 2018: anunciaram a ocorrência de uma "Superlua de Sangue Azul". Agora, já temos condições de entender que se tratou de uma coincidência tripla: "Superlua", por a Lua estar próxima de seu perigeu orbital; "Lua Azul" de definição mensal, sendo a segunda Lua cheia de janeiro daquele ano; e "Lua de Sangue", por ser um eclipse lunar total.

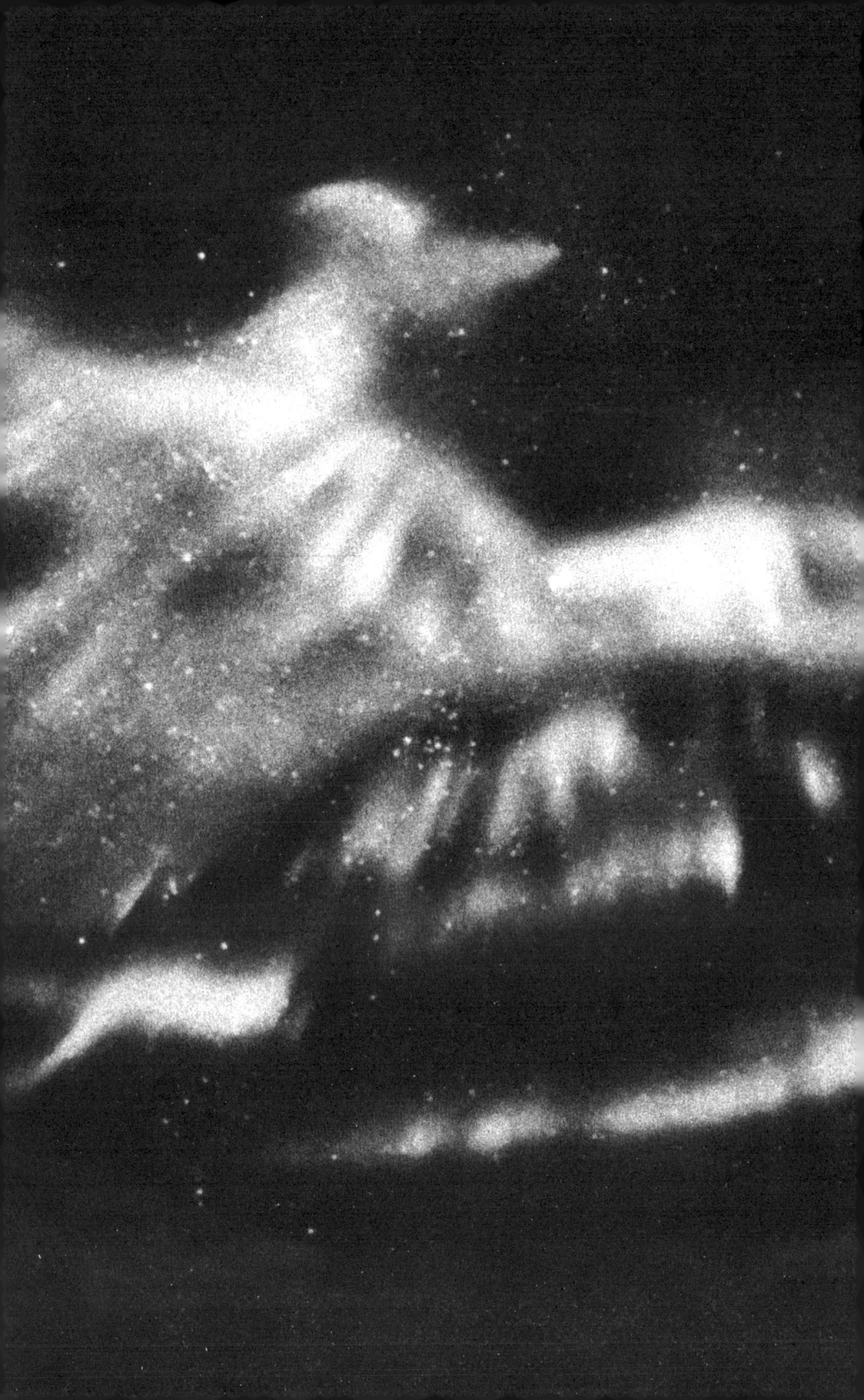

ESTRELAS CADENTES E AURORAS

O primeiro meteoro a gente nunca esquece. No meu caso, foi por volta de 5h da manhã, na praia do Campeche, em Florianópolis, durante uma chuva de meteoros. Ao longo de 1 hora de observação, consegui ver meia dúzia de ocorrências. Mas o que são chuvas de meteoros? Por que elas acontecem e como conseguimos prevê-las? É sobre isso que vamos conversar a partir de agora, além de mostrar que a nossa atmosfera desempenha um papel importante para a ocorrência tanto desse fenômeno como de outra maravilha do nosso céu: as auroras.

O que compõe o Sistema Solar? Antes de respondermos a essa pergunta, deixe-me propor outra: o que podemos encontrar em uma sala de aula? A resposta simples e imediata pode ser: cadeiras e mesas para os alunos, a cadeira e a mesa do professor e a lousa. Porém, esses elementos são apenas os que mais se destacam, existindo vários outros que podemos elencar: giz, canetas, lápis, pó de giz e de sujeira mesmo, lâmpadas, luz visível, campos eletromagnéticos das ondas de telecomunicações e emissões térmicas, radiações espaciais etc. Veja que a resposta completa é mais complicada do que parece. Para o Sistema Solar, funciona da mesma forma: caso respondamos que seus elementos constituintes são apenas o Sol, os oito planetas, uns planetas-anões e as "Luas" ao redor deles, estaremos excluindo todos os elementos necessários para as discussões dos fenômenos deste capítulo.

O astro principal do Sistema Solar certamente é o Sol. Estamos também familiarizados com os planetas, alguns planetas-anões e algumas "Luas". Mas não nos deixemos enganar, pois existem vários outros componentes interessantes por aqui. Vamos começar com as emissões do Sol, uma estrela que constantemente envia radiação eletromagnética (de diferentes faixas, como ultravioleta e luz visível) e partículas para o espaço ao seu redor. Dentro desse conjunto de partículas (fragmentos de matéria) estão elétrons, prótons, partículas "alfa" (o núcleo de hélio) e diferentes tipos de átomos ionizados, como carbono, nitrogênio, oxigênio, entre outros. Essa ejeção de massa forma o chamado "vento solar", o que, nos períodos de maior intensidade, gera preocupação aqui na Terra, pois esse fluxo intenso de elementos carregados pode expor astronautas a níveis não desejáveis de radiação, danificar os sistemas de satélites em órbita na Terra e até mesmo a rede elétrica aqui na superfície. Por isso, acompanhamos o comportamento do Sol para poder prever esses eventos espaciais adversos, uma espécie de "clima espacial".

FRAGMENTOS MACROSCÓPICOS

Para além de muitos fragmentos atômicos de matéria e radiação eletromagnética de todas as faixas, também temos outros fragmentos maiores (alguns bem maiores que os átomos!) vagando pelo Sistema Solar. Eles são classificados de acordo com sua composição e tamanho. O primeiro tipo curioso são os **cometas**, cujo exemplar mais famoso talvez seja o cometa Halley: orbitando o Sol com um período da ordem de 75 anos, a última vez que esteve próximo da nossa estrela (no periélio de sua órbita) foi em 1986. Como eu só nasci no ano seguinte, espero ter a sorte de conseguir vê-lo quando passar por aqui novamente, em meados de julho de 2061.

Os cometas são fragmentos macroscópicos com tamanhos da ordem de dezenas de quilômetros, compostos por rocha, poeira e gases congelados. Quando eles se aproximam do Sol, são aquecidos, o que faz com que parte de sua composição gasosa seja volatilizada, desprendendo-se do núcleo e formando as famosas "caudas" dos cometas, cujo tamanho pode atingir milhões de quilômetros de extensão. Os cometas e suas caudas, nesses momentos de maior proximidade solar, podem brilhar o suficiente para serem vistos a olho nu aqui da Terra. Com alguma frequência, novas descobertas de cometas do Sistema Solar são anunciadas, ou então outros cometas já conhecidos passam pela redondeza terrestre. Alguns se tornam visíveis a olho nu, especialmente sob condições ideais de observação, com céu aberto e longe das luzes da cidade; outros somente são visíveis com telescópios e binóculos.

Outros fragmentos rochosos bastante grandes, mas sem a composição gasosa que se volatiliza ao chegar perto do Sol, são os **asteroides**, cujos tamanhos variam de 1 metro até centenas de quilômetros. Muitos desses asteroides são destroços que sobraram do processo de formação do Sistema Solar; são "fósseis astronômicos", resultantes da aglomeração de matéria até formar um objeto macroscópico, mas que não cresceu o suficiente para formar astros tão grandes como planetas ou planetas-anões.

Existem milhões de asteroides no Sistema Solar, especialmente concentrados em regiões específicas, como no "Cinturão de Asteroides", localizado entre Marte e Júpiter, no "Cinturão de Kuiper", localizado para além da órbita de Netuno, e também na "Nuvem de Oort", considerada o limite exterior do Sistema Solar, podendo conter bilhões (ou até trilhões) de objetos, como asteroides e cometas, localizada a uma distância entre 2 mil e 100 mil vezes maior que aquela que separa a Terra e o Sol.

Menores que os asteroides, mas também fragmentos de rocha, são os chamados **meteoroides**, cujo tamanho pode variar entre alguns micrometros (como a espessura de fios de cabelo) e 1 metro. Esses fragmentos menores também podem ser resquícios da formação do Sistema Solar, mas não somente: colisões entre asteroides e até a fragmentação de cometas nas proximidades do Sol podem gerar meteoroides que ficarão vagando pelo espaço e, claro, poderão entrar na atmosfera da Terra.

Esses meteoroides, em geral, viajam a uma velocidade bastante alta, em torno de dezenas de quilômetros por segundo, e, quando acontece de colidirem com a Terra, são "recebidos" pela nossa atmosfera. A interação deles com o ar, a altas velocidades, rapidamente os incinera, não deixando qualquer vestígio perigoso remanescente para cair sobre as nossas cabeças. Esse processo gera um rastro luminoso no céu, cujo brilho varia de acordo com o tamanho do meteoroide que se desintegrou. O rastro costuma sumir de forma rápida e, por causa da ausência de luz solar, é muito mais facilmente perceptível à noite.

O processo de desintegração, com a consequente geração do rastro luminoso, é um fenômeno, portanto, que ocorre dentro da nossa atmosfera, a uma altitude da ordem de dezenas a centenas de quilômetros (a depender de tamanho, velocidade e ângulo de incidência), e é chamado de **meteoro** ou "estrela cadente", em alusão a "estrelas que caem do céu", embora o evento, como acabamos de descobrir, nada tenha a ver com as estrelas. Caso o brilho atingido seja relativamente grande, tal qual o brilho de Vênus, o evento também pode ser chamado de "bola de fogo". Alguns têm tamanho suficiente para uma "entrada triunfal", chegando a se fragmentar e explodir na atmosfera, o que frequentemente os torna capazes de serem vistos a olho nu, mesmo durante o dia: para esses casos mais intensos, o fenômeno também pode ser chamado de "bólido". Alguns meteoros foram captados na fotografia apresentada na Figura 11.

Figura 11
Fotografia do céu
noturno com técnica de
longa exposição, tornando
possível perceber detalhes
difíceis de captar
a olho nu, como a
"mancha celeste", que
é o plano da nossa galáxia,
a Via Láctea. A imagem
ainda capturou diversos
"rastros luminosos",
que são meteoros, ou
também chamados de
"estrelas cadentes".

Em alguns casos raros, os fragmentos rochosos incidentes têm um tamanho suficiente para sobreviver à entrada na atmosfera e atingir o solo, podendo causar estragos na superfície da Terra ou nos objetos que forem atingidos, como carros, por exemplo. Esses resquícios de rocha espacial que chegam à superfície passam, então, a ser chamados de **meteoritos**, independentemente de seu tamanho. Há quem os colete, venda e colecione. Contudo, para além de um simples *hobby*, esses objetos têm importância científica elevada, pois se estuda sua composição, densidade e idade (por meio de processos de datação radioativa, por exemplo) para desvendar informações sobre a origem e a evolução do Sistema Solar. No Brasil, o destaque é para o meteorito do Bendegó, com massa superior a 5 toneladas e maior dimensão acima de 2 metros: encontrado na Bahia, em 1784, ele atualmente faz parte do acervo do Museu Nacional, no Rio de Janeiro.

PERIGO ESPACIAL

O fato é que, diariamente, a qualquer hora do dia ou da noite, poeira espacial e partículas tão pequenas quanto grãos de areia caem sobre a Terra. Pelo tamanho diminuto, rapidamente desaceleram ou incineram na atmosfera, não deixando nenhum fragmento com tamanho suficiente para nos causar estragos. Porém, para objetos maiores, os efeitos passam a ser consideráveis.

Os rastros luminosos dos meteoros são causados por pequenos fragmentos cujo tamanho varia entre grãos de areia, grãos de arroz ou feijão, até pequenas pedrinhas de jardim. Fragmentos maiores, da ordem de alguns metros, podem ter uma entrada, digamos, bem mais dramática que isso: as condições térmicas geradas pela interação deles com o ar podem ser tão severas, que seria possível formar rastros luminosos muito mais brilhantes e persistentes, podendo até mesmo explodir no céu. Quando seu tamanho passa a ser entre dezenas e uma centena de metros, já há grandes chances de haver uma devastação significativa no local da queda. Um exemplo desse tipo, na história recente, ficou conhecido como "Evento de Tunguska": em 30 de junho de 1908, em uma região remota da Sibéria, nos arredores do rio Tunguska, um asteroide desse porte entrou na nossa atmosfera, aquecendo-se a ponto de explodir no ar e espalhar pequenos fragmentos pelo terreno. Ainda que esses pequenos fragmentos não tenham atingido o solo com velocidade suficiente para criar crateras de impacto, a energia liberada na desintegração explosiva do asteroide devastou centenas de quilômetros quadrados de floresta. Caso acontecesse em um grande centro urbano, muitas vidas poderiam ter sido perdidas. Ainda hoje, o dia 30 de junho é considerado "Dia do Asteroide", dando contexto à realização de muitos eventos sobre o assunto ao redor do mundo.

Para impactos de asteroides ainda maiores, chegando a quilômetros de extensão, os danos podem ocorrer em escala global. A extinção dos dinossauros, pelo que sabemos, pode ter sido causada ou acelerada por um impacto desse tipo, por volta de 65 milhões de anos atrás. A colisão de um asteroide com tamanho estimado entre 10 e 20 quilômetros, na Península de Yucatán (México), causou grande devastação local, criando uma cratera de mais de 150 quilômetros de diâmetro. Como consequência, a quantidade de poeira arremessada na atmosfera se espalhou pelo globo, criando um bloqueio suficiente da luz solar por um período de semanas a meses, desestabilizando os ecossistemas e o desenvolvimento de boa parte das formas de vida.

É por isso que existem programas[13] de monitoramento espacial para identificar asteroides potencialmente perigosos e determinar seus parâmetros orbitais, de modo a conseguir prever possíveis impactos futuros. No momento, nenhum objeto potencialmente perigoso conhecido está em rota de colisão conosco nas próximas centenas de anos. De qualquer maneira, a vigilância dos conhecidos e a busca por outros ainda não identificados são constantes. As crateras lunares são exemplos vívidos que nos lembram diariamente do que pode acontecer.

Estratégias de defesa também estão sendo elaboradas para nos fornecer as melhores chances de mitigar as consequências de um possível impacto futuro. Caso essas ameaças sejam de asteroides com possibilidade de causar danos locais, tenta-se prever o local do impacto da melhor forma possível, de modo a promover algum tipo de evacuação. Para os asteroides maiores, com possibilidades de danos globais, uma possibilidade é utilizar espaçonaves próximas a eles para causar atração gravitacional suficiente para desviá-los do curso, ou enviar sondas capazes de pousar sobre eles e, por meio de algum sistema de propulsão, empurrá-los para fora do trajeto de colisão. Também se cogita a possibilidade de explodi-los, mas é preciso cautela, pois podemos transformar um "problema grande" em vários pedaços menores e ainda perigosos: o que nos levaria a uma "chuva de problemas". É por isso que missões de estudo de asteroides, como algumas sondas recentes que conseguiram pousar neles, são tão importantes: deve-se conhecer bem o problema para aprender a lidar com ele.

CHUVAS DE METEOROS

Uma vez afastados os perigos conhecidos, podemos, agora, concentrar nossa atenção em admirar o espetáculo dos meteoros: os rastros luminosos oriundos da entrada de pequenos meteoroides na nossa atmosfera. Como vimos, todos os dias isso pode acontecer. Basta você ter a sorte de estar olhando para o céu, especialmente à noite, no momento em que um deles "riscar" o firmamento. Mas aqui vai uma dica: em vez de ter que ficar "plantado", noite após noite, vigiando o céu, as chances de observação de meteoros aumentam em determinadas épocas do ano. Isso porque nosso planeta passa por certas regiões da sua órbita em torno do Sol que são próximas das órbitas de cometas e asteroides e, portanto, repletas de meteoroides vagando por ali. Assim, ao longo de dias ou semanas, a taxa de incidência de meteoros passa a ser maior que o normal, formando os eventos chamados de **chuvas de meteoros**.

Dessa forma, a IMO (International Meteor Organization) publica anualmente um calendário[14] informando, além das datas de início e fim de cada uma dessas chuvas, o dia em que ocorrem seus ápices, quando as taxas esperadas de meteoros atingem seus valores máximos. São esses os momentos de montar guarda: para observar uma chuva de meteoros, basta sentar-se ou deitar-se confortavelmente, usando uma toalha no chão ou uma cadeira de praia reclinável, e não desgrudar os olhos do céu pelo maior intervalo de tempo possível, entre 2 e 3 horas, por exemplo.

A iluminação do ambiente também faz diferença, pois meteoros que geram traços com pouco brilho não são facilmente perceptíveis. Por isso, procure locais distantes das luzes da cidade, como praias ou sítios mais retirados. Outra dica é manter todas as luzes de lanternas, celulares e aparelhos eletrônicos desligadas, pois isso permitirá que seus olhos mantenham-se mais sensíveis às luzes tênues no céu. A luz da Lua é outra complicação, então o melhor é quando o ápice das chuvas acontece em períodos de Lua nova (não significa que não seja possível acompanhar o evento durante outras fases lunares, mas que é bem provável que o número de meteoros observados diminua).

Os nomes dados às chuvas de meteoros guardam relação com a constelação celeste relacionada ao local de onde esses meteoros parecem "surgir", chamado de "radiante da chuva". Alguns exemplos: a chuva "Perseidas", que ocorre em agosto, tem seu radiante na constelação de Perseu e está relacionada à órbita do cometa Swift-Tuttle; as chuvas "Eta-Aquarídeas" e "Orionídeas" ocorrem, respectivamente, em maio e outubro, uma com radiante em Aquário e outra em Órion, ambas relacionadas às proximidades com a órbita do cometa Halley!

Caso você não saiba identificar constelações facilmente, não se preocupe, pois os meteoros podem "pipocar" no céu em vários locais e em diferentes direções, até porque mais de uma chuva pode estar vigente na mesma noite. Por isso, o lance é vigiar o máximo de céu possível: procure um ambiente com a maior amplitude de observação possível, evitando que sua visão fique obstruída por prédios, árvores ou montanhas próximas. As nuvens também são fatores complicadores: quanto menos nuvens, mais aberto o céu, maiores suas chances de sucesso na empreitada.

E isso nos leva à próxima pergunta: quantos meteoros poderemos ver durante a observação de uma chuva? Isso depende tanto de todos os fatores que comentamos anteriormente (luminosidade do local, cobertura de nuvens, amplitude de observação do céu) como também da intensidade da chuva que você está indo acompanhar e do seu local na superfície da Terra: quanto mais alta estiver a posição do radiante no céu local, maiores as chances de observação dos meteoros gerados. É por isso que algumas chuvas são de melhor visualização em um dos hemisférios em detrimento do outro.

No que se refere à intensidade das chuvas, a IMO faz a previsão da taxa estimada de meteoros por hora. Uma das mais intensas do ano é a chamada "Geminídeas", cujo radiante está na constelação de Gêmeos, tendo sua ocorrência relacionada às proximidades da órbita de um asteroide, o "3200 Faetonte". O ápice dessa chuva ocorre em meados de dezembro, com taxa estimada geralmente superior a 100 meteoros por hora. Mas é claro que nem todos eles serão visíveis a olho nu, justamente pelos fatores que comentamos. De qualquer maneira, essa é uma chuva cuja madrugada do ápice costumo acompanhar todo ano. Em uma das tentativas, a melhor até agora, consegui ver mais de 30 meteoros ao longo de algumas horas; na pior das tentativas, com céu bastante nebuloso, consegui apenas 3 ou 4, no mesmo período de vigilância. É por isso que o ideal é escolher uma chuva com previsão de alta taxa de meteoros e observar o céu ao longo de várias horas, o que aumenta suas chances de sucesso. Uma boa companhia e um bom lanche podem ser excelentes ajudantes para passar a noite em claro. Boa sorte!

AURORAS

Já discutimos o caso dos turistas de eclipses, que viajam pelo mundo para estar nos locais e horários adequados, a fim de acompanhar os eclipses totais ou anulares do Sol. Outro fenômeno que também movimenta muitos curiosos tentando observá-lo é a ocorrência das auroras. Enquanto os eclipses podem ser previstos com décadas de antecedência, as auroras são muito mais arredias, pois dependem da atividade solar, o que não é passível de um sistema de previsão[15] tão bom quanto o dos eclipses. Além disso, as auroras guardam uma semelhança interessante com os meteoros: ambos são fenômenos que acontecem na nossa atmosfera, mas cujas explicações residem para além da Terra, no mundo da Astronomia.

Como vimos, o Sol está constantemente enviando partículas carregadas, como elétrons e átomos ionizados, para o espaço, no chamado "vento solar". Como nosso planeta está nas redondezas do Sol, certamente somos atingidos por elas a todo instante. Porém, a Terra apresenta magnetismo e, de acordo com o que já se sabe sobre Teoria Eletromagnética, partículas carregadas podem ter seus movimentos alterados por campos magnéticos. A configuração espacial do campo terrestre, cujos detalhes não nos interessam aqui, faz com que muitas dessas cargas sejam desviadas para as regiões polares do nosso planeta, nas altas latitudes do Norte e do Sul. Quando entram na nossa atmosfera, em quantidade significativa pelos polos, elas encontram átomos e moléculas do ar no meio do caminho. A interação delas com átomos e moléculas desses gases acaba depositando energia neles, excitando-os ou ionizando-os quimicamente. Como consequência, no momento em que eles retornam ao seu estado energético inicial, emitem o excesso de energia que receberam para o ambiente, na forma de luz.

As auroras são, portanto, grandes faixas luminosas e coloridas, visíveis no céu noturno, resultantes da soma das emissões luminosas de inúmeros átomos e moléculas da nossa atmosfera, após terem sido excitados ou ionizados pela incidência de partículas carregadas pelos polos terrestres. Elas são chamadas de "luzes do norte" ou "luzes do sul", a depender do hemisfério em questão, ou então de "aurora boreal" (ao norte) e "aurora austral" (ao sul). As diferentes cores apresentadas nas auroras estão relacionadas a diferentes elementos químicos de átomos e moléculas que emitiram luz. As colorações azul e violeta estão relacionadas ao nitrogênio, enquanto o vermelho e o verde derivam de oxigênio. O espetáculo luminoso acontece a uma altitude entre 100 e 200 quilômetros, aproximadamente.

Como a região polar terrestre Norte é mais habitada que a Sul, onde está a Antártica, muita gente viaja para países como Canadá, Estados Unidos (especialmente para o Alaska) e Noruega, por exemplo, na época do inverno do hemisfério norte, na esperança de conseguir uma boa observação da aurora boreal. O fato de ser inverno contribui para noites mais longas no hemisfério norte. O verão não costuma ser um bom momento, principalmente para países de latitude muito alta, pois experimentam vários dias sem pôr do Sol (aqueles localizados acima do Círculo Polar Ártico). Dessa forma, agende sua viagem para esses países entre setembro e março, aproximadamente.

Mas não basta ser noite e inverno, pois uma boa observação da aurora ainda demanda condições muito similares àquelas necessárias para a visualização dos meteoros: céu aberto (sem nebulosidade) e ambiente escuro (longe das luzes da cidade). Por isso, também vale consultar as épocas de melhores condições meteorológicas nos locais onde se pretende ficar e checar o calendário de fases da Lua: sempre que possível, escolha tentar a sorte durante a Lua nova.

De fato, como sempre há algum fluxo de partículas carregadas chegando à Terra, acontecem auroras a todo instante, mas é preciso que elas tenham uma intensidade suficiente para que possam ser observadas a olho nu. Isso acontece em momentos de maior atividade solar, que ocorrem frequentemente. Porém, o Sol passa por um ciclo que dura entre 11 e 12 anos, alternando-se, dentro desse período, entre duas "estações" distintas: permanecendo uma parte do tempo no que se chama de "máximo solar" e outra parte no "mínimo solar". Nos anos de "máximo", as atividades solares intensas são mais frequentes que nos anos de "mínimo". Portanto, mesmo que atividades solares intensas e auroras possam acontecer durante a fase de mínimo solar, as chances crescem nos anos referentes ao máximo solar, sobretudo para os países de latitude mais longe dos polos. O último ápice de máximo solar ocorreu em 2014. O próximo deve ser por volta de 2025.

ÁGUAS
QUE SOBEM
E DESCEM

Uma das coisas que chamava a minha atenção durante a infância era a mudança no tamanho da faixa de areia, na praia, ao longo do dia, causada pela mudança periódica do nível do mar: ora mais alto, ora mais baixo, e tornando-se alto novamente após um período de aproximadamente 12 horas. Quando eu perguntava sobre o porquê disso estar acontecendo, respondiam que era por causa das "marés", algo que tem a ver com a Lua. Mesmo assim, eu continuava intrigado: se a Lua é capaz de fazer isso na água, por que só acontece com a água do mar? Por que não era possível perceber as marés em uma piscina ou em um copo de água? Neste capítulo, vamos desvendar esse mistério da minha infância (e, talvez, da sua também!). Antes tarde do que nunca.

ENTENDENDO A GRAVIDADE DA COISA

Antes de buscarmos compreender as marés, precisamos dedicar algum tempo para contemplar e admirar uma das quatro forças fundamentais que, até onde sabemos, estão por trás da explicação dos fenômenos e eventos da natureza e do Universo: a força da gravidade. Para sua curiosidade, as outras três são a força eletromagnética e duas outras que predominam nos processos nucleares, uma chamada de "força forte" e outra de "força fraca".

A gravidade é uma força de interação entre dois objetos dotados de massa, sendo capaz de atuar à distância. Ela é a responsável por uma série de fenômenos do nosso dia a dia, como a queda de objetos soltos ou lançados no ar, a manutenção da Terra em sua órbita ao redor do Sol e a manutenção da Lua em sua órbita ao redor da Terra. Todos os objetos ao nosso redor, assim como todos os astros no Universo, atraem-se gravitacionalmente de forma mútua.

O valor dessa força de interação atrativa entre dois corpos, genericamente falando, será tanto mais intensa quanto maiores forem as suas massas e quanto menor for a distância que os separa. Seguindo esse raciocínio, uma pessoa atrai uma cadeira em uma sala vazia? Sim! Mas a força de atração desse par é muito pequena, pois as massas da pessoa e da cadeira são pequenas, de modo que elas não geram efeitos práticos significativos. É por isso que objetos cotidianos e pessoas são atraídos predominantemente pela massa do planeta em que vivemos: a Terra.

Mas a massa do Sol é cerca de 1 milhão de vezes maior do que a massa da Terra, e, uma vez que a força da gravidade depende das massas, por que os objetos no solo não sobem aos céus em direção ao Sol? Bem, porque, como vimos, o valor da força da gravidade também depende da distância. Então, embora o Sol seja mesmo muito mais massivo do que a Terra, a força gravitacional com que ele atrai uma pedra ou uma caneta no chão é muito menor do que a interação da Terra com esses mesmos objetos, já que está muito mais próxima deles. Por outro lado, como a massa da Terra é muito maior que a da pedra ou a da caneta, a força de interação do Sol com a Terra é capaz de manter nosso planeta em órbita ao redor da estrela. A mesma lógica se aplica para explicarmos o motivo pelo qual a Lua se mantém em órbita nas cercanias da Terra.

As marés são efeitos resultantes do processo de atração gravitacional, especificamente entre o oceano e a Lua e o oceano e o Sol. Para simplificar, neste momento inicial consideraremos apenas uma posição estática entre a Terra e a Lua. Na Figura 12, temos uma visão superior da Terra, observando o sistema a partir de cima do Polo Norte (P.N.). Dessa forma, a borda do globo terrestre corresponde à Linha do Equador, onde está marcado um ponto qualquer, que chamaremos de ponto "A". Setas curvas estão indicando tanto o movimento de rotação terrestre em torno de seu próprio eixo (rotação) como o movimento lunar ao longo de sua órbita ao redor do nosso planeta. O "halo" ao redor do globo terrestre representa a intensidade da maré causada pela Lua sobre os oceanos.

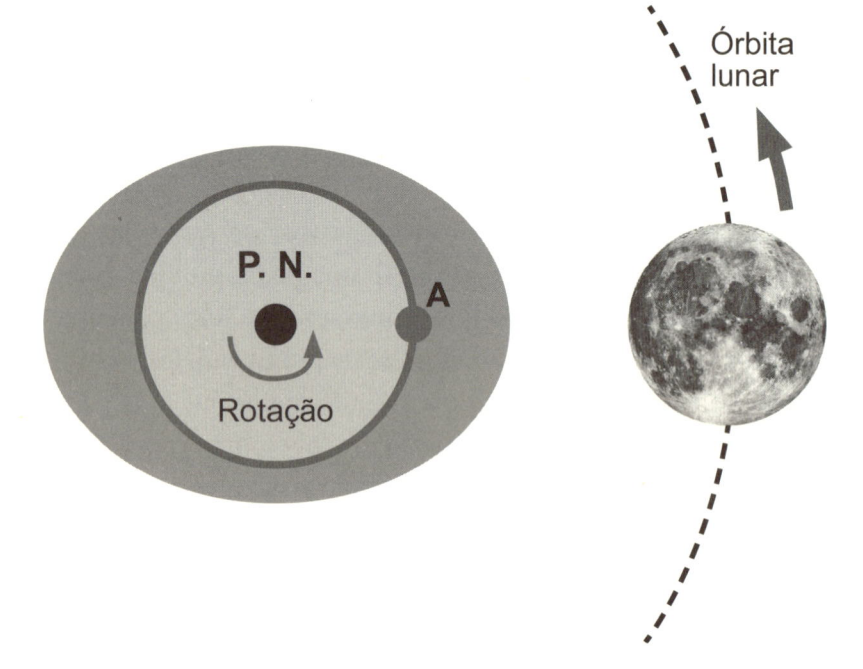

Figura 12
Esquema simplificado para as marés lunares. Vista superior da Terra, a partir do topo do Polo Norte (P. N.). O ponto "A" está, portanto, sobre a Linha do Equador. As setas indicam o movimento de rotação da Terra em torno de seu próprio eixo e o movimento da Lua em sua órbita ao redor da Terra. Distâncias e tamanhos fora de escala.

Percebemos, então, que sempre haverá duas regiões terrestres experimentando a condição de máximo da "maré alta" e duas, a condição de mínimo da "maré baixa". A espessura do "halo" é um recurso didático indicativo desse processo. Alguém nas proximidades do local onde está o ponto "A", por exemplo, conseguirá perceber um nível do mar mais elevado, causado pela maré alta. No lado oposto ao que está o ponto "A", também temos a ocorrência de maré alta, enquanto na região de "cima" e de "baixo", na figura, temos o "halo" com espessura reduzida, indicando onde ocorrem as marés baixas.

A explicação desse "espichamento" do nível oceânico tem a ver com a força da gravidade: como nosso planeta tem dimensões, literalmente, astronômicas, e o oceano ocupa uma extensão territorial muito grande ao redor do globo, a força de atração lunar experimentada por cada local oceânico será levemente diferente, pois cada ponto se encontra a uma distância um pouco diferente do nosso satélite natural. Some-se isso a outro processo, que não discutiremos em detalhes aqui, que é o "efeito centrífugo" sofrido pelo nosso planeta enquanto a Lua orbita[16] ao seu redor, e teremos os elementos necessários para determinar o que acontece com as marés. Embora não os estejamos apresentando em detalhes matemáticos, por fugir do escopo deste livro, são eles os responsáveis por gerar marés altas na face voltada para a Lua e na face oposta, deixando as regiões intermediárias com nível do mar reduzido, as marés baixas.

Para explicar os intervalos de tempo da alternância entre as condições das marés, basta lembrar que o nosso planeta gira ao redor de seu próprio eixo, completando uma volta a cada 24 horas. Assim, aquele mesmo ponto "A", dentro de 6 horas, estará deslocado em 1 quarto de volta, passando da região de maré alta para outra de maré baixa. Após 12 horas, quando o ponto "A" completou meia volta da rotação terrestre, estará novamente em maré alta, e assim sucessivamente. Portanto, a cada cerca de 12 horas e 25 minutos, temos marés altas sucessivas (ou baixas sucessivas). O ciclo não é de 12 horas exatas, porque a Lua, não se esqueçam, não está parada no mesmo lugar, mas também avançando no seu caminho ao redor da Terra.

Minha dúvida da infância, agora, está finalmente resolvida: não percebemos marés acontecendo em açudes, piscinas, bacias e copos de água, nem mesmo nosso sangue ou fluidos corporais sofrem esse processo, por dois motivos principais: a massa de água nesses sistemas é insignificante quando comparada à massa oceânica, e as extensões territoriais desses pequenos corpos hídricos são muito pequenas quando comparadas à distância Terra-Lua. Então, cuidado: caso alguém queira convencê-lo de que, por efeitos de marés, nascem mais bebês na Lua cheia, é hora de apresentar um dos muitos estudos já feitos para tentar verificar se essa afirmação é plausível. Todos voltaram de mãos vazias. Um desses estudos está indicado nas referências deste capítulo, no final do livro.

Importante destacar que a força da gravidade não atua apenas entre Terra e Lua ou entre Terra e Sol. Também existem forças atrativas gravitacionais entre a Terra e qualquer outro astro do Sistema Solar (e além!), mas as distâncias são tais, que os efeitos significativos de marés sobre nosso planeta são causados sobretudo pela Lua e pelo Sol. Curiosamente, mesmo a crosta terrestre sofre efeitos de marés, embora não tenhamos condições de perceber isso no nosso dia a dia, já que a crosta sólida é, claro, muito mais rígida que os fluidos, como a água dos oceanos.

AS FASES DA LUA E AS MARÉS AO LONGO DO MÊS

Basicamente, toda a discussão sobre o "espichamento" oceânico causado pela presença da Lua também vale para quando analisamos o efeito gerado pela presença do Sol: ele também causará um "espichamento" semelhante, contribuindo para marés solares altas na face terrestre diretamente voltada para ele e na face oposta, deixando as regiões intermediárias com marés solares baixas. Porém, a diferença é que as marés causadas pelo Sol são menos significativas que as causadas pela Lua sobre a Terra, pois a distância Terra-Sol é muito maior que a que separa a Terra e a Lua. De todo modo, é necessário analisar esses dois efeitos de maré para obtermos um panorama completo sobre as amplitudes de variação de nível do mar que observamos ao longo do período de uma lunação (29 dias e meio), tempo necessário para a Lua completar uma órbita ao redor do nosso planeta, passando por todas as conhecidas "fases lunares".

Para quem não sabe, ou não se lembra de eventuais discussões na escola, as fases da Lua nada mais são do que mudanças na aparência do disco lunar à medida que a Lua vai orbitando nosso planeta. Enquanto ela faz a volta ao redor da Terra, do nosso ponto de vista terrestre, temos condições de perceber uma mudança na região da Lua que é iluminada pelo Sol, a fonte de luz do Sistema Solar. Um diagrama ilustrativo aparece na Figura 13. Quando a Lua está na posição "A" da sua órbita, está do mesmo lado do Sol, em relação ao nosso planeta, e por isso a face lunar voltada para a Terra está escura, formando o que se chama de "Lua nova". Do outro lado da órbita, quando a Lua está em "C", Sol e Lua ficam em lados opostos do nosso planeta, gerando uma face lunar voltada para a Terra completamente iluminada, o que chamamos de "Lua cheia". Os pontos intermediários, "B" e "D", completam as duas outras conhecidas fases da Lua: o "quarto crescente" e o "quarto minguante", respectivamente (é claro que a mudança na iluminação da face lunar voltada para a Terra vai acontecendo gradativamente ao longo dos dias, como demonstra a sucessão de fotografias da Figura 14).

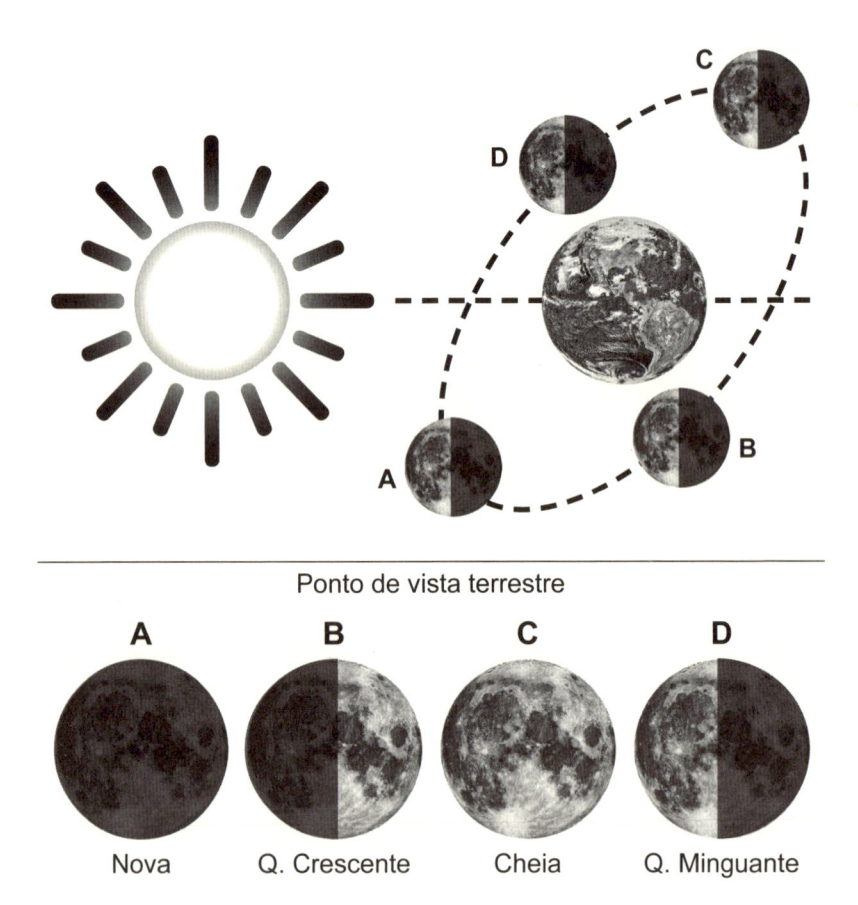

Ponto de vista terrestre

A	B	C	D
Nova	Q. Crescente	Cheia	Q. Minguante

Figura 13
Representação
esquemática das fases
da Lua perceptíveis da
Terra, para diferentes
posições da Lua em sua
órbita ao redor do nosso
planeta. Distâncias
e tamanhos fora de
escala. Inclinação da
órbita lunar em relação
ao plano da órbita
terrestre exagerada,
para fins didáticos.

Figura 14
Mudanças gradativas da iluminação da face lunar voltada para a Terra. Denominar apenas "quatro fases" para a Lua é, portanto, somente uma questão de convenção.

Um detalhe interessante: a Lua cheia e a Lua nova ocorrem quando nosso satélite está, de certa forma, formando um alinhamento com a Terra e o Sol. Isso não deveria gerar os eclipses da Lua e do Sol? Não necessariamente. A Figura 13 contribui para entendermos o motivo: o plano da órbita lunar ao redor da Terra é levemente inclinado, cerca de 5 graus, em relação ao plano da órbita da Terra em torno do Sol. É por isso que nem toda Lua cheia gera eclipse lunar, e nem toda Lua nova gera eclipse do Sol. Os eclipses só acontecem quando o "grau de alinhamento" é maior, ou seja, quando a ocorrência das fases cheia e nova coincide com a passagem da Lua pelos pontos de sua órbita que cruzam o plano da órbita da Terra (chamados de "nodos").

Voltando às marés, podemos, agora, desenhar as contribuições dos "espichamentos" gerados pela Lua e pelo Sol, juntos, ao longo de diferentes fases da Lua. A Figura 15 mostra dois casos, novamente a partir do topo do Polo Norte: na Lua nova, quando o alinhamento entre Terra, Lua e Sol gera um efeito de maré mais intenso (o que também acontece na Lua cheia); e na Lua em seu quarto crescente, em que os efeitos de maré solar e de maré lunar estão desalinhados entre si, resultando em uma menor amplitude de maré (o que também acontece com a Lua em seu quarto crescente). Assim, como resultado do movimento orbital da Lua e de seu eventual alinhamento com o eixo Terra-Sol, as marés de Lua nova e de Lua cheia são chamadas de "marés vivas" (ou "marés de sizígia"), e as marés de Lua crescente e de Lua minguante são "marés mortas".

Bem, ainda necessitamos de um esclarecimento final: é claro que as marés dos oceanos terrestres são predominantemente causadas pelo Sol e pela Lua, mas não são fenômenos que dependem exclusivamente desses astros. Fatores meteorológicos, como ventos intensos, e geológicos, como a própria linha da costa continental e a distribuição do volume de água no seu entorno, também podem favorecer ou dificultar as variações de nível do mar causadas pelas marés. A distância da Lua à Terra, como perigeu ou apogeu, e da Terra ao Sol, como periélio ou afélio, além da própria época do ano (pois a posição relativa do Sol ao eixo de rotação da Terra vai mudando, o que causa as estações do ano) também são fatores complicadores – não tratados aqui – que interessam para uma completa compreensão das marés em cada local do planeta. De todo modo, em alguns lugares, as mudanças causadas pelas marés são impressionantes, como apresentam as Figuras 16 e 17: na primeira, um medidor de marés, em 1918, nas proximidades de Anchorage (Alaska, EUA), mostrando a incrível variação encontrada entre a maré alta (esquerda) e a maré baixa (direita); na segunda, barcos repousando sobre o solo, durante uma maré baixa, em Punta del Este (Uruguai).

Lua nova

Quarto Crescente

Figura 15
Efeitos de "marés
vivas" e "marés
mortas", a partir
da soma dos efeitos
de maré lunar e
solar sobre a Terra.
A vista da figura
bidimensional é
pelo topo do Polo
Norte. Tamanhos
e distâncias fora
de escala.

Figura 16
Fotografias
mostrando
um medidor
de maré, em
1918, nas
proximidades
de Anchorage
(Alaska, EUA),
em condições
de maré alta
(esq.) e maré
baixa (dir.).

Figura 17
Retrato impressionante
de como o nível
do mar pode ficar
reduzido durante as
marés baixas. Nesse
caso, a fotografia,
registrada em Punta
del Este (Uruguai),
mostra que os barcos
ancorados acabaram
encostados no solo.

O LADO ESCONDIDO DA LUA

Para finalizar o capítulo, ainda vale uma discussão curiosa: as forças de interação gravitacional entre os astros podem gerar, ao longo do tempo, efeitos curiosos em seus movimentos. Um deles é a sincronia orbital que existe para a Lua. Caso você ainda não tenha reparado, é facilmente perceptível ao observá-la diariamente: ela sempre mostra à Terra uma mesma face, um mesmo "lado". As diferentes "fases" da Lua não são diferentes "faces", portanto; são apenas diferentes padrões de iluminação solar sobre a face lunar que fica sempre voltada para a Terra.

Isso acontece porque o tempo que a Lua leva para completar uma volta ao redor do nosso planeta é o mesmo que ela precisa para completar uma rotação em torno de si mesma. A Figura 18 pode ajudar na compreensão. Considere a visão, novamente, a partir do topo do Polo Norte e suponha que marquemos um ponto genérico sobre a superfície da Lua, como indica o ponto "P" na imagem. Entre duas posições sucessivas desenhadas, à medida que a Lua percorre sua órbita, percebe-se claramente que o ponto P também se moveu, algo que ocorre por meio do movimento de rotação da Lua em torno de si mesma. Após uma órbita completa, a rotação lunar também reinicia, levando o ponto P para o mesmo local do seu início e deixando-o sempre escondido da vista terrestre.

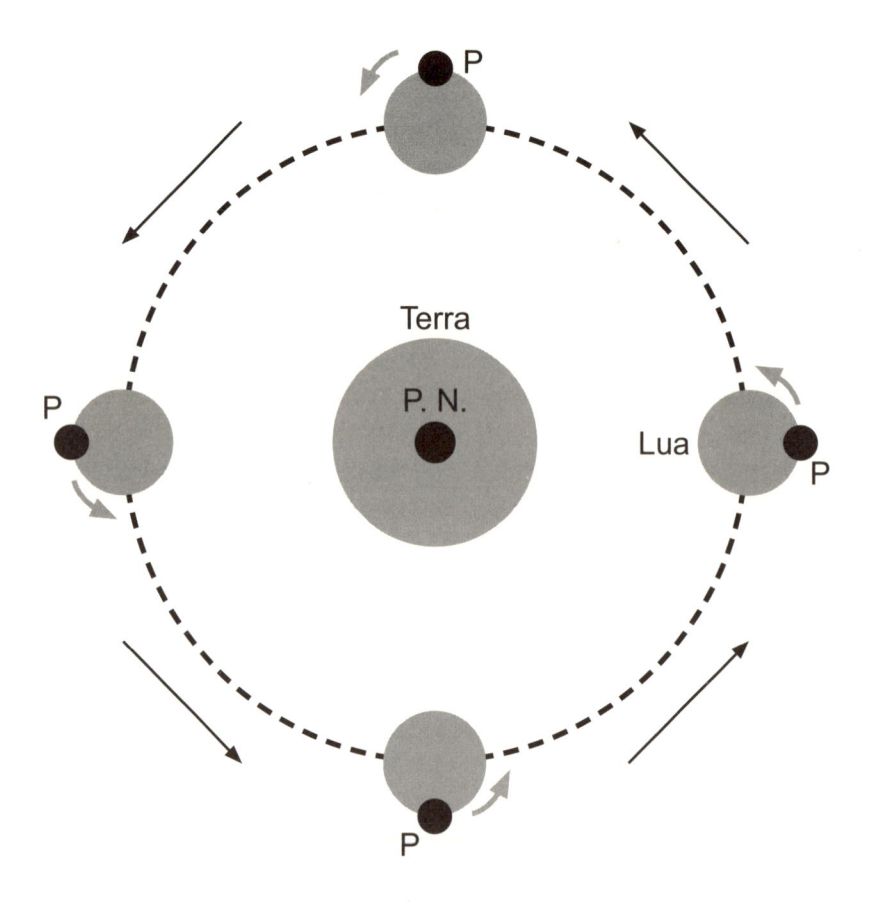

Figura 18
Visão superior
e bidimensional
da órbita lunar
em torno da
Terra, de forma
aproximadamente
circular.
Tamanhos e
distâncias fora
de escala.

Algumas pessoas chamam a face lunar oposta à vista terrestre de "lado escuro da Lua", mas o problema dessa expressão é que essa face também vai ser iluminada pelo Sol, de modo variável ao longo da órbita, de forma semelhante ao que acontece com a face visível daqui: quando vir uma Lua nova, por exemplo, lembre-se de que a face oposta à nossa vista está completamente iluminada pelo Sol.

E mesmo esse tal "lado escondido" nem é mais "tão escondido" assim. Diversas missões espaciais já foram enviadas para estudar, fotografar e até pousar no "outro lado" da Lua, a exemplo da sonda espacial chinesa Chang'e-4, que fez uma "alunissagem" bem-sucedida em 2019.

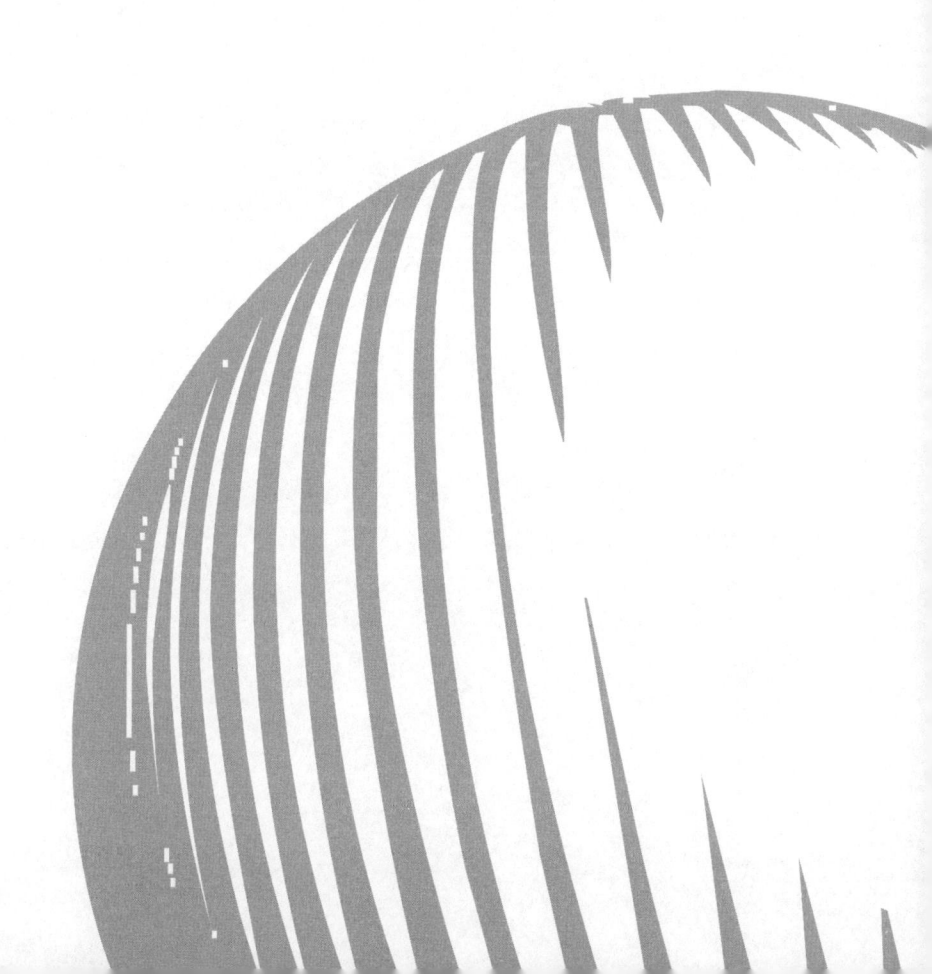

RESGATANDO O CÉU

O que ensinam às crianças para que durmam mais rapidamente? Contar "carneirinhos"? Tenho uma ideia melhor: o céu noturno me inspira a admirar e a contar... estrelas! Você já tentou? Caso tenha tentado, como eu, é bem provável que tenha perdido a conta... Afinal, quantas estrelas conseguimos ver a olho nu? Qual o objeto astronômico mais distante que nossa visão é capaz de perceber? E o que podemos fazer, atualmente, para tentar resgatar nosso entendimento e nossas melhores condições de visualização celeste?

ESTRELAS A OLHO NU

Determinar o número de estrelas visíveis no céu não é uma tarefa fácil, pois isso depende de diversos fatores: não apenas a escuridão do local onde você está, mas as condições da atmosfera (como umidade e cobertura de nuvens) e os parâmetros relacionados ao sistema visual de cada um (como acuidade, sensibilidade etc.) também devem ser considerados. Mesmo assim, para termos uma estimativa neste momento, o número de estrelas passíveis de visualização, sob boas condições meteorológicas, fica em torno de 10 mil. Mas nem todas aparecem na mesma noite, pois o céu noturno muda ao longo do ano. Ainda, como a cada noite só vemos a fração do espaço para o lado oposto ao de onde está o Sol, as estimativas de visualização noturnas ficam em valores da ordem da metade do anterior, entre 3 e 5 mil. É pouco, ainda mais considerando o número de estrelas presentes apenas na nossa galáxia, a Via Láctea, da ordem de centenas de bilhões.

Essas estimativas são obtidas a partir da "magnitude aparente" dos objetos celestes. Basicamente, ela é uma escala do brilho que observamos para os astros, e foi construída de modo contraintuitivo: quanto menor o valor da magnitude aparente do objeto (podendo, inclusive, ser um valor negativo!), de forma mais brilhosa ele será percebido. Vamos a alguns exemplos. O Sol é o astro mais brilhoso do nosso céu, tendo, portanto, a menor magnitude aparente –26; a Lua cheia pode atingir –12; Vênus chega a –4,4; enquanto a estrela mais brilhante do céu noturno, Sirius, chega a –1,4, a mais brilhante do Cruzeiro do Sul vai a +1,2. O limite máximo da visão humana desarmada, sob condições ideais de meteorologia e escuridão, fica entre +6,0 e +6,5.

Sobre os planetas,[17] são cinco os visíveis a olho nu: Mercúrio, Vênus, Marte, Júpiter e Saturno. Há alguma discussão acerca da possibilidade de se ver Urano, mas, como sua magnitude aparente é bem próxima do limite da visão humana desarmada e nossos céus noturnos estão longe do ideal, vamos desconsiderá-lo. É curioso notar que, eventualmente, os cinco planetas podem ser vistos de forma simultânea espalhados pelo céu, em algum momento entre o pôr do Sol de um dia e o nascer do Sol do dia seguinte. Essa possibilidade já aconteceu em 2005, 2016, 2018 e 2020. A próxima será em junho de 2022.

De volta às estrelas, vale ainda comentar que todas as que vemos a olho nu são aquelas que estão *muito* próximas de nós, da ordem de alguns milhares de anos-luz. Porém, a Via Láctea mede, de ponta a ponta, algo em torno de 100 mil anos-luz, com o Sistema Solar mais ou menos no meio do caminho entre o centro e a borda. As estrelas individuais que vemos à noite são, portanto, apenas as nossas vizinhas. Por fim, o objeto astronômico geral mais distante visível a olho nu não é uma estrela, mas sim uma galáxia: Andrômeda, localizada a mais de 2 milhões de anos-luz da Terra. Em geral, porém, ela é mais facilmente observada a partir do céu do hemisfério norte.

TELESCÓPIOS: ESPERANÇA E ILUSÃO

Como é possível aumentar o número de estrelas visíveis à noite? Existem duas estratégias comuns que podem, inclusive, ser aplicadas concomitantemente em equipamentos de captação de imagens: usar um "olho maior" (fazemos isso com binóculos e telescópios, cuja abertura de captação de luz é maior que a do olho humano) e/ou aumentando o tempo de acúmulo de luz para produção da imagem (o que também se chama de usar o recurso de "longa exposição"). Essas duas técnicas, muito usadas de forma combinada para a produção de diversas das belas imagens astrofotográficas que vemos na internet, baseiam-se no aumento da capacidade de receber luz para formar a fotografia, o que torna o equipamento capaz de perceber objetos ainda menos brilhantes que aqueles captados pelo olho humano.

Com um telescópio simples, de abertura pequena, entre 60 e 70 milímetros, a capacidade de percepção de estrelas ao nosso redor já aumenta a ponto de conseguirmos identificar centenas de milhares delas, além de vários detalhes de nebulosas, aglomerados de estrelas e estrelas duplas já poderem ser observados claramente. Mas calma! Antes que você saia correndo para comprar um (ou nem mesmo corra, bastando comprar pela internet agora mesmo), é importante esclarecer que, embora seja verdade que exista "muita diversão escondida" em um telescópio, é ilusório pensar que, com ele, você vai imediatamente conseguir ver o mesmo tipo de imagem que o Telescópio Espacial Hubble obtém, cheia de detalhes, cores e qualidade. Essas fotografias de divulgação costumam ser fruto de técnicas de longa exposição, além de ser computacionalmente desenvolvidas a partir da soma de imagens individuais, cada uma delas, por exemplo, capturada com filtros específicos para percepção de diferentes faixas do espectro eletromagnético, sejam visíveis ou não.

Eu não quero desmotivar ninguém quanto a comprar um telescópio (muito pelo contrário!), mas são informações importantes que você precisa saber para não se decepcionar. Por isso, caso esse seja seu interesse, minha dica é: procure profissionais da área, Física ou Astronomia, para auxiliá-lo no processo. Muitos clubes astronômicos, observatórios e/ou projetos de divulgação científica sobre o tema costumam orientar as pessoas e até mesmo oferecem alguns cursos[18] esporádicos sobre a operação de telescópios. Busque aprender a alinhar o equipamento no alvo desejado, a focar adequadamente e a ampliar sempre que necessário. Caso contrário, acredite em mim, muitos telescópios comprados com a melhor das intenções simplesmente vão parar no fundo do armário. Já vi isso acontecer, e mais de uma vez.

EXPLORADORES DO CÉU

Poucas pessoas conseguem identificar aquilo que veem no céu. Poucas realmente têm alguma compreensão sobre eventos cotidianos cujas explicações residem nos astros, como os vários que foram abordados ao longo deste livro, desde marés até eclipses, auroras e meteoros. Embora seja verdade que um dos fatores que contribuem para isso seja o ensino de Astronomia, na escola básica, que deixa a desejar, outro elemento, fruto da nossa sociedade, também está por trás desse processo: a iluminação pública. Basicamente, o céu está sumindo, em especial nas noites das grandes cidades.

Grande parte dos astros, como muitas estrelas, nebulosas e meteoros, aparece no nosso céu com um brilho muito tênue, já naturalmente difícil de observar a olho nu. Com as luzes da rua ligadas, a situação só se complica. Para ser sincero, mesmo que eu tenha bastante familiaridade com eventos astronômicos, não sou muito hábil na identificação rápida de estrelas e constelações: também vivo cotidianamente sob um céu noturno pobre de estrelas, na correria do mundo moderno. É claro que não quero defender, aqui, a execução de um "apagão proposital" generalizado, pois entendo que a iluminação pública tem também o papel importante de contribuir, por exemplo, para a segurança pública.

Se, por um lado, muitas pessoas estão perdendo a oportunidade de contemplar o céu noturno, por outro, o interesse quanto a assuntos relacionados à Astronomia é evidente: a mídia, nas matérias sobre ciência, tem apreço especial por assuntos astronômicos; palestras sobre o tema costumam estar com público lotado; documentários, vídeos e livros são consumidos pelo público, que permanece curioso sobre o funcionamento e os fenômenos do Universo.

É por isso que, nesta lição final, quero motivá-lo a se tornar explorador do céu. O que podemos fazer para resgatar um belo céu estrelado? A primeira dica é fugir! Saia dos grandes centros urbanos. Planeje uma excursão noturna para uma praia deserta, um sítio, uma cidade do interior, um acampamento ou uma pousada mais retirada. Esses locais, como você certamente testemunhará, guardam um céu repleto de estrelas, prontas para serem admiradas.

Em noites de céu aberto e ambiente bem escuro, depois que seus olhos se acostumarem com a escuridão (e, para isso, mantenha as luzes de seus aparelhos eletrônicos e as lanternas desligadas), você vai identificar um número muito maior de estrelas do que está acostumado a ver; vai perceber as diferentes cores entre elas, e pode conseguir ver até mesmo grandes grupos de estrelas reunidas, como os aglomerados estelares, certamente começando a perceber a "mancha" de aparência esbranquiçada atravessando o céu: ela é o plano da nossa galáxia, a Via Láctea, cujo efeito "leitoso" é resultante da luz emitida por bilhões de estrelas que se encontram tão distantes de nós, que não podemos identificá-las, a olho nu, individualmente. Um espetáculo espera por você (a Figura 11, anteriormente apresentada neste livro, capturou a mancha galáctica).

Bem, e se você não é familiarizado com os astros no céu, não se preocupe. A modernidade trouxe com ela ferramentas digitais que são excelentes mediadoras entre os curiosos e os objetos visíveis no céu noturno. Eu, particularmente, gosto muito de um programa chamado Stellarium,[19] que pode ser baixado gratuitamente na internet. Ele é um planetário virtual, no qual você insere sua localização, data e horário, e ele gera uma imagem dinâmica do céu na tela do seu computador. Selecionando astros individualmente, é possível conhecer mais detalhes sobre eles, como de que tipo são e sua distância até nós.

Portanto, não se deixe abater pelas luzes da cidade. Junte boas companhias, ou vá sozinho mesmo, em busca de explorar, estudar, observar e investigar aquilo que o céu nos apresenta:

nossos ancestrais já dependeram disso para construir civilizações prósperas. Embora a Astronomia pareça um campo de estudo muito distante da realidade, lembre-se de que, como vimos, ela está mais próxima do que parece, sendo responsável pela explicação de diversos fenômenos do nosso dia a dia. Nossa própria sobrevivência depende do Sol. Depende, portanto, do que está no céu. A Terra é nossa casa cósmica e também nossa própria espaçonave, viajando ao redor do Sol e, com ele, ao redor da galáxia. Olhe pra cima, contemple a vastidão do Universo e aproxime-se da beleza que somente a ciência é capaz de entender e explicar.

NOTAS

1. Por curiosidade, é interessante comentar que as marcações geográficas dessas linhas de significado astronômico não levam em consideração os efeitos de desvio da luz na nossa atmosfera. Além disso, os horários anunciados de nascer e pôr do Sol, que determinam a duração do período diurno em uma cidade, consideram o surgimento e o desaparecimento das extremidades do Sol, e não do seu centro geométrico, nos horizontes. Por conta desses fatores, os dias e as noites de mesma duração ocorrem próximos das datas dos equinócios. Ainda, graças ao desvio da luz solar na atmosfera, locais abaixo do Círculo Polar Ártico ou acima do Círculo Polar Antártico, mas ainda próximos a eles, também conseguem experimentar a ocorrência do "Sol da meia-noite".

2. Você encontra muitas curiosidades interessantes sobre o calendário no livro *O tempo que o tempo tem*, de Alexandre Cherman e Fernando Vieira (Zahar, 2008).

3. Veja mais em: <https://go.nasa.gov/2U0YHHb>. Acesso em: 12 jul. 2021.

4. Caso você esteja preocupado com as implicações desse fato para a astrologia, deixe-me tranquilizá-lo: astrologia não é ciência e não faz afirmações úteis e testáveis sobre a natureza. Não vamos debater isso aqui, mas você poderá se aprofundar a respeito lendo os livros *Armadilhas camufladas de ciência: mitos e pseudociências em nossas vidas*, organizado por Marcelo G. Schappo (Autografia, 2021), e *O livro da astrologia: um guia para céticos, curiosos e indecisos*, de Carlos Orsi (2015).

5. No entanto, é possível que algumas delas, quando já estão na iminência de trocar de estado evolutivo em suas vidas estelares, tenham sofrido grandes explosões e/ou grandes mudanças ao longo dos últimos milênios, mas só saberemos disso em algum momento futuro, quando a luz emitida durante esses eventos chegar até aqui.

6. Curiosamente, existem plantas que não fazem fotossíntese, como o cipó-chumbo. De qualquer modo, isso não inviabiliza o argumento de que a vida na Terra é dependente do Sol.

7. De fato, você mesmo pode fazer esse experimento em casa. Basta expor uma estrutura transparente, de caneta comum, ao Sol. Mexendo algumas vezes até acertar o ângulo adequado, perceberá que a luz solar se decompõe nas cores do arco-íris.

8. Apenas para registro: a chamada "energia nuclear" que temos atualmente, usada em reatores, em diversos lugares do mundo, para gerar energia elétrica, utiliza processos de "fissão

nuclear", e não de "fusão". De modo simples, na fissão, átomos mais pesados, como urânio, por exemplo, são fragmentados para liberar energia.

[9] Isso, claro, se já não tiver sido extinta antecipadamente, por diversos outros motivos possíveis, sejam os causados por seres humanos, como mudanças climáticas ou utilização de armas nucleares em larga escala, sejam os causados por via natural, como colisões do nosso planeta com grandes asteroides.

[10] Esses óculos não são óculos escuros convencionais. Eles têm uma capacidade filtrante muito maior. Caso vá comprá-los, assegure-se da qualidade da loja vendedora, evitando colocar em risco a sua visão.

[11] Como as informações disponíveis em: <https://eclipse.gsfc.nasa.gov/>. Acesso em: 26 jul. 2021.

[12] Estou usando a palavra "redonda" como sinônimo de "aproximadamente esférica", diferentemente de algumas figuras terraplanistas que usam a imagem de uma terra "plana e redonda" (formato de disco).

[13] Como o *The Spaceguard Centre*. Veja mais em: <https://spaceguardcentre.com/>. Acesso em: 28 jul. 2021.

[14] Você pode encontrá-lo aqui: <https://www.imo.net/>. Acesso em: 28 jul. 2021.

[15] Aqui, um acompanhamento da atividade solar permite certa previsão para um intervalo de algumas semanas à frente: <https://www.gi.alaska.edu/monitors/aurora-forecast>. Acesso em: 28 jul. 2021.

[16] Com um pouco mais de detalhes, isso tem a ver com o fato de que dizer que "a Lua orbita a Terra" não é totalmente correto. O que acontece é que a Lua e a Terra orbitam, mutuamente, um ponto imaginário chamado de "centro de massa" do sistema formado pelos dois corpos. Ora, como a massa da Terra é muito maior que a massa da Lua, o centro de massa desse sistema fica dentro da Terra: assim, o movimento orbital da Lua ao nosso redor é muito mais facilmente perceptível que o do nosso planeta ao redor desse ponto. Porém, o nosso planeta, ao orbitar o centro de massa, sofre efeito centrífugo (embora muito pequeno para percebermos cotidianamente), o qual contribui para as marés.

[17] Sobre os planetas e sobre a Lua, vale destacar que o brilho deles é proveniente da reflexão da luz solar, e não da emissão de luz própria.

[18] Eu coordeno um projeto de extensão de divulgação científica chamado "Astro&Física", sobre temas de Física Geral, Física Moderna e Astronomia. Anualmente, em outubro, costumamos oferecer um treinamento sobre telescópios voltado ao público geral.

[19] Disponível em: <https://stellarium.org/pt/>. Acesso em: 30 jul. 2021.

CRÉDITOS
DAS FIGURAS

Figuras 1, 2, 5, 6, 8, 10, 12, 13, 15 – Elaboradas pelo autor. Quando necessário, elas foram criadas utilizando imagens básicas e individuais, disponíveis conforme crédito a seguir:
Imagem da Terra: NASA/GSFC. Reto Stöckli, Nazmi El Saleous e Marit Jentoft-Nilsen. Figura disponibilizada sob domínio público. Disponível em: <https://bit.ly/2VsG0fH>. Acesso em: 2 ago. 2021.
Imagem da Lua: autor não informado. Figura disponibilizada sob domínio público. Disponível em: <https://bit.ly/3CaMr84>. Acesso em: 2 ago. 2021.

Figura 3 – Recorte de captura de tela obtida utilizando o software *Stellarium* (versão 0.18.0): um planetário virtual de código livre que pode ser baixado gratuitamente em: <https://stellarium.org/pt/>. Acesso em: 30 jul. 2021.

Figura 4 – O Sistema Solar. Harman Smith e Laura Generosa. Figura de domínio público. Disponível em: <https://bit.ly/3foIlQ5>. Acesso em: 2 ago. 2021.

Figura 7 – Eclipses do Sol. (A) EclipseDude. Figura disponibilizada sob licença CC BY-SA 4.0. Disponível em: <https://bit.ly/3yiV1j2>. Acesso em: 2 ago. 2021. (B) Rhys Jones. Figura disponibilizada sob licença CC BY 2.0. Disponível em: <https://bit.ly/3rMdcLz>. Acesso em: 2 ago. 2021. (C) Rehman Abubakr. Figura disponibilizada sob licença CC BY-SA 4.0. Disponível em: <https://bit.ly/3BZAC4C>. Acesso em: 2 ago. 2021.

Figura 9 – Eclipse parcial da Lua. Catalin CACIULEANU. Figura disponibilizada sob licença CC BY-SA 4.0. Disponível em: <https://bit.ly/3xgta1r>. Acesso em: 2 ago. 2021.

Figura 11 – A galáxia e alguns meteoros. Figura de domínio público. Disponível em: <https://bit.ly/3iihpn3>. Acesso em: 2 ago. 2021.

Figura 14 – Diferentes iluminações lunares. Hamed Rajabpour e Nariman Ghorbani. Figura disponibilizada sob licença CC BY-SA 4.0. Disponível em: <https://bit.ly/3lAR4mn>. Acesso em: 2 ago. 2021.

Figura 16 – NOAA Photo Library. C&GS; Season's Report Hand 1918-32. Disponível em: <https://bit.ly/2VnP7hR>. Acesso em: 2 ago. 2021.

Figura 17 – Maré Baixa. Pipe310593. Figura disponibilizada sob licença CC BY-SA 4.0. Disponível em: <https://bit.ly/2WDmnCi>. Acesso em: 2 ago. 2021.

Figura 18 – Elaborada pelo autor.

REFERÊNCIAS PARA APROFUNDAMENTO

Deixo, a seguir, alguns livros que poderão continuar sua jornada de informação e formação acerca de Astronomia. Em alguns deles, você encontrará temas semelhantes aos que trouxemos aqui, mas com discussões mais aprofundadas. Em outros, serão abordados elementos como Cosmologia (sobre estrutura, origem e evolução do Universo) e pseudociências relacionadas à Astronomia, como astrologia, terraplanismo, mitos lunares, visitas extraterrestres etc. Boas leituras!

DAWKINS, Richard. *A magia da realidade*: como sabemos o que é verdade. São Paulo: Companhia das Letras, 2012. (edição original: *The Magic of Reality,* ilustrações de Dave McKean).

HAWKING, Stephen W. *Breves respostas para grandes questões.* Rio de Janeiro: Intrínseca, 2018.

HAWKING, Stephen W.; MLODINOW, Leonard. *O grande projeto*: novas respostas para as questões definitivas da vida. Rio de Janeiro: Nova Fronteira, 2011.

SAGAN, Carl. *O mundo assombrado pelos demônios*: a ciência vista como uma vela no escuro. São Paulo: Companhia das Letras, 2006. (Companhia de Bolso).

SCHAPPO, Marcelo G. "Como cientistas concluíram que houve um Big Bang?", 2019. *Revista Questão de Ciência.* Disponível em: <https://bit.ly/3asdjlt>. Acesso: 5 mar. 2020.

SCHAPPO, Marcelo G. (org.). *Armadilhas camufladas de ciência*: mitos e pseudociências em nossas vidas. Rio de Janeiro: Autografia, 2021.

TYSON, Neil Degrasse; GOLDSMITH, Donald. *Origens*: catorze bilhões de anos de evolução cósmica. Trad. Rosaura Eichenberg. São Paulo: Planeta do Brasil, 2015.

RIDPATH, Ian. *Guia ilustrado Zahar*: Astronomia. Rio de Janeiro: Jorge Zahar, 2008.

MOURÃO, Ronaldo R. F. *O livro de ouro do universo.* Rio de Janeiro: HarperCollins Brasil, 2016.

SPARROW, Giles. *50 ideias de Astronomia que você precisa conhecer.* São Paulo: Planeta do Brasil, 2018.

ALGUMAS REFERÊNCIAS ESPECÍFICAS DOS CAPÍTULOS

Capítulo "Astronomia na agenda"

ANDREWS, Kylie. "Why are there 24 Hours in a Day?", 2011. *ABC Science.* Disponível em: <https://ab.co/3C7ZXcU>. Acesso em: 2 ago. 2021.

CHERMAN, Alexandre; VIEIRA, Fernando. *O tempo que o tempo tem*: por que o ano tem 12 meses e outras curiosidades do nosso calendário. Rio de Janeiro: Zahar, 2008.

JONES, Graham; BIKOS, Konstantin; HOCKEN, Vigdis. "A Day is Not Exactly 24 Hours". *Time and Date.* Disponível em: <https://bit.ly/3rOqmaF>. Acesso em: 2 ago. 2021.

WWU Physics/Astronomy Dept. *Stonehenge.* 2021. Disponível em: <https://bit.ly/3rMm2c2>. Acesso em: 2 ago. 2021.

Capítulo "Desenhos no céu"

CAIN, Fraiser. "Are All The Stars Really Dead?", 2014. *Universe Today.* Disponível em: <https://bit.ly/2TPhRj7>. Acesso em: 2 ago. 2021.

IAU. *The Constellations.* International Astronomical Union. Disponível em: <https://bit.ly/3ikHm5y>. Acesso em: 2 ago. 2021.

USRA LPI Education. About Constellations. Sky Tellers: The Myths, The Magic, and The Mysteries of the Universe. Disponível em: <https://bit.ly/3fk7hYP>. Acesso em: 2 ago. 2021.

Capítulo "As estrelas e o cotidiano"

AUSTRALIA TELESCOPE NATIONAL FACILITY. *Historical Introduction to Spectroscopy.* Disponível em: <https://bit.ly/3C7sQFQ>. Acesso em: 2 ago. 2021.

BRITTANICA. *The Rise of Astrophysics.* Disponível em: <https://bit.ly/2TPljdz>. Acesso em: 2 ago. 2021.

DEPARTMENT OF ENERGY OFFICE OF SCIENCE. *DOE Explains... Nucleosynthesis.* Disponível em: <https://bit.ly/3loUfgS>. Acesso em: 2 ago. 2021.

IMHOFF, Cathy. "All About Stars". *Scholastic.* Disponível em: <https://bit.ly/3jjBb0L>. Acesso em: 2 ago. 2021.

Capítulo "Uma bagunça organizada"

NASA. *Planet Compare.* Solar System Exploration. Disponível em: <https://go.nasa.gov/3ij7eOX>. Acesso em: 2 ago. 2021.

NASA. "Planetary Transits Across the Sun". *NASA Eclipse Web Site.* Disponível em: <https://go.nasa.gov/2VunweM>. Acesso em: 2 ago. 2021.

NASA. "Sun". *Solar System Exploration.* Disponível em: <https://go.nasa.gov/3ymisI3>. Acesso em: 2 ago. 2021.

Capítulo "Espetáculos do Sol e da Lua"

HOCKEN, Vidgis; KHER, Aparna. "What Is a Blue Moon and When Is the Next One?" *Time and Date.* Disponível em: <https://bit.ly/37fj4Dv>. Acesso em: 2 ago. 2021;

KHER, Aparna. "Lunar Perigee and Apogee". *Time and Date.* Disponível em: <https://bit.ly/3ihtGb9>. Acesso em: 2 ago. 2021.

NASA Goddard Space Flight Center. *Eclipse Web Site.* Disponível em: <https://eclipse.gsfc.nasa.gov/>. Acesso em: 2 ago. 2021.

Capítulo "Estrelas cadentes e auroras"

BARBOSA, Cassio. "Asteroide potencialmente perigoso passa 'perto da Terra' e vida continua; entenda como isso se repete", 2018. *G1 Ciência e Saúde.* Disponível em: <https://glo.bo/3rODL2A>. Acesso em: 2 ago. 2021.

CARVALHO, Wilton P. et al. "O meteorito do Bendegó: história, mineralogia e classificação química". *Revista Brasileira de Geociências,* v. 41, n. 1, p. 141-156, 2011. Disponível em: <https://bit.ly/2VpnG7x>. Acesso em: 2 ago. 2021.

NASA. "Solar Storm and Space Weather". *Sun-Earth Web Site.* Disponível em: <https://go.nasa.gov/3jfDFNB>. Acesso em: 2 ago. 2021.

Capítulo "Águas que sobem e descem"

NOAA. "Tides and Water Levels". National Oceanic and Atmospheric Administration. *Education Web Site.* Disponível em: <https://bit.ly/3rOILnI>. Acesso em: 2 ago. 2021.

SILVEIRA, Fernando L. "Marés, fases principais da Lua e bebês". *Caderno Brasileiro de Ensino de Física,* v. 20, n. 1, p. 10-29, 2003. Disponível em: <https://bit.ly/37fkDBj>. Acesso em: 2 ago. 2021.

Capítulo "Resgatando o céu"

INSTITUTO DE FÍSICA UFRGS. *Sistema de magnitudes.* Disponível em: <https://bit.ly/3fphV0v>. Acesso em: 2 ago. 2021.

KING, Bob. "9.096 Stars in The Sky – Is That All?", 2014. *Sky and Telescope.* Disponível em: <https://bit.ly/3fobhrD>. Acesso em: 2 ago. 2021.

ZOTTI, Georg. et al. "The Simulated Sky: Stellarium for Cultural Astronomy Research". *Journal of Skyscape Archaeology,* v. 6, n. 2, 2021. Disponível em: <https://bit.ly/2TV7x9g>. Acesso em: 5 ago. 2021.

O AUTOR

Marcelo Girardi Schappo é formado em Física pela Universidade Federal de Santa Catarina (UFSC), quando cursou Astrofísica dentro da formação optativa. Tem mestrado e doutorado em Física também pela UFSC. É professor do Instituto Federal de Educação, Ciência e Tecnologia de Santa Catarina (IFSC) e coordenador do projeto *Astro&Física*, cujo objetivo é realizar a divulgação científica de temas de Astronomia, Física Geral e Física Moderna nas escolas de Santa Catarina, além de promover eventos de observações astronômicas abertos ao público. Ainda em atividades de divulgação científica, tem livros publicados na área, foi roteirista e apresentador da série *A História que o Céu nos Conta*, versando sobre a origem do Universo e produzido a convite da NSC Comunicação (rede afiliada da TV Globo em Santa Catarina), e apresenta o quadro "Tudo é ciência", dentro do programa *A Tarde é Nossa*, no SCC (emissora afiliada do SBT em Santa Catarina). Participa também de projetos de pesquisa envolvendo a interação da radiação com a matéria, tendo realizado experimentos no acelerador de partículas VDG na Pontifícia Universidade Católica do Rio de Janeiro (PUC-Rio) e nas linhas de luz do acelerador UVX, no Laboratório Nacional de Luz Síncrotron (LNLS). É também ator e piloto de avião. Site: www.professormarcelogs.com